PARA LOS VIAJEROS DE
ÉSTE TIEMPO.
EL PROPÓSITO DE LA
EXISTENCIA.

# PARA LOS VIAJEROS DE ÉSTE TIEMPO.
# EL PROPÓSITO DE LA EXISTENCIA.

José Luis de la Rosa

Número de Control de la Biblioteca del Congreso de EE. UU.:     2015907624
ISBN:          Tapa Dura                    978-1-5065-0459-9
               Tapa Blanda                  978-1-5065-0458-2
               Libro Electrónico            978-1-5065-0457-5

Información de la imprenta disponible en la última página.

Fecha de revisión: 23/06/2015

**Para realizar pedidos de este libro, contacte con:**
Palibrio
1663 Liberty Drive
Suite 200
Bloomington, IN 47403
Gratis desde EE. UU. al 877.407.5847
Gratis desde México al 01.800.288.2243
Gratis desde España al 900.866.949
Desde otro país al +1.812.671.9757
Fax: 01.812.355.1576
ventas@palibrio.com
714065

# CONTENIDO

DEDICO ESTE LIBRO a mi compañera de ruta y maestra, mi esposa Yola. También a mis dos hijas, Bety y Claudia, las cuales han sido siempre un propósito adicional en mi existencia.

Para mis nietos, Bety, Juan Pablo, José Emilio, Ricky y Anahí, quienes, con el pasar de los años, le dan un significado especial a mi vida.

Al escribir estas páginas, lo hice con el pensamiento de que su contenido pudiera ser una guía para mis hijas y nietos. Y con el deseo profundo de que en el futuro encuentren la felicidad y logren su propio despertar en conciencia.

Por último, lo dedico en forma especial a mi madre quien me inició en el camino de la escritura y de la sabiduría.

PARA LOS VIAJEROS DE ÉSTE TIEMPO.

EL PROPOSITO DE LA EXISTENCIA

Los diccionarios nos dicen que la palabra PROPÓSITO tiene muy variados significados: Deseo, voluntad, determinación, intención, proyecto, objetivo, meta, sentido, finalidad, aspiración, empeño, interés, ánimo, idea, plan, terminación, consumación, conclusión. En Griego Telos.

Es posible que en este libro encuentres algunas de esas palabras aplicadas de diversas formas, pero en realidad todas son sinónimas.

# INTRODUCCIÓN

Yo creo que todos los seres humanos somos viajeros en este planeta. Nacimos y sabemos que vamos a morir, por lo tanto solamente estamos de paso. Por eso la primera frase del título de éste libro.

Todos tenemos infinidad de deseos para cumplir en esta vida, sin estar concientes de para que estamos aquí y de que nos sirve cumplir todos esos deseos. Un maestro que tuve hace unos años me decía que puedes desear lo que quieras, pero que el deseo más sublime es conectar con el Ser Supremo, el Creador, el principio y fin de todo. Nada ni nadie nos puede producir tanta felicidad. Lo que hemos logrado en el transcurso de nuestra vida, va a desaparecer, pero los logros espirituales se van acumulando y te van impulsando hacia la iluminación y en última instancia hacia Dios. De ahí surge la parte del título que se refiere al propósito de la existencia.

Lo escrito en las siguientes páginas de ninguna manera pretende ser un libro de autoayuda y mucho menos busca convencer a todos los que lo lean, que esa verdad -mi verdad- sea la única. En realidad pretende ser un libro de filosofía aplicada.

Entiendo que el término filosofía (amor a la sabiduría) está muy devaluado, pero estoy convencido de que el ser humano requiere de una filosofía que le muestre el camino de la vida, su porqué, su para qué y el significado de vivir. En lo particular creo que más que buscar que los valores revivan, si contamos con una filosofía práctica entenderemos mejor el mundo que nos rodea y, sobre todo, nos conoceremos a nosotros mismos, surgiendo de esa sabiduría virtudes intrínsecas en lugar de valores impuestos.

Cuando inicié la escritura de éste libro, lo hice con el propósito de que fuera una reflexión para mí mismo, sin pensar que otros podrían leer su contenido. Es más, al principio solo contaba con una serie de hojas sin orden alguno, con breves anotaciones de lo que he leído, de lo que he escuchado de otras personas, del análisis de mi propia psique, de mi percepción del significado de la vida y de mi experiencia personal, entre otras.

Al ir llenando más hojas, me di cuenta que su contenido no solo me reflejaba, sino además me iba escribiendo y cambiando a mí mismo.

Sé que los libros, al igual que las personas, son espejos que reflejan nuestro ser interior, y me di cuenta que en éste caso no solo reflejaba a quien lo escribió, sino también a quienes lo leían. Esto después de permitir que algunas personas muy cercanas revisaran mi primer borrador.

Como dije en la dedicatoria al principio del libro, su objetivo primordial fue dejar a mi descendencia un documento sobre la forma en que yo me siento inscrito en el universo, suponiendo que en algún momento pueda serles de utilidad en este camino azaroso que es el vivir.

Si, adicionalmente, el libro le pudiera ser de utilidad a otros o, cuando menos, les permitiera reflexionar y profundizar sobre quiénes son, pues bienvenido sea.

Debo reconocer que al leer y releer sus páginas me siento sorprendido y me pregunto cómo fue que escribí lo que escribí, pareciera que alguien atrás de mí me inspiró; seguramente la intuición y el amor con que fui desarrollando cada párrafo.

Desde hace mucho tiempo me he preguntado: ¿Cuál es el problema más grande de la humanidad en ésta época? Habrá quien diga que lo político o tal vez lo económico o lo social, otros dirán que el materialismo excesivo o la posibilidad de que nuestra belicosidad lleve a la raza humana a la destrucción. Pero estos conceptos únicamente se refieren a lo externo. En lo interno –que es la fuente de todo lo demás- el problema más grande para todos es la falta de propósito o de sentido de vida.

La vida no se puede quedar solo en comer, vestir, dormir, leer, ver TV, chatear, adquirir cosas, obtener fama o poder, divertirse o tener sexo. Antes tendríamos que dar respuesta a las siguientes preguntas: ¿De dónde vengo? ¿Para que nací? ¿Qué hago aquí? ¿Hacia dónde voy? Las preguntas fundamentales de la filosofía, que al responderse nos podrían dar alguna orientación. Cualquier experiencia que vivamos, cualquiera que sea nuestro destino, tiene un momento que es relevante y ese es el momento en que sabemos quienes somos.

Casi nadie tiene un propósito claro para su existencia y eso ha generado una gran cantidad de seres humanos desorientados, millones de hombres y mujeres en depresión, otros millones en el estrés y, muchos más, inmersos en las adicciones.

Las empresas farmacéuticas venden millones de dólares en antidepresivos o ansiolíticos y otras drogas para dormir o para reducir el estrés y, tal vez, sean los únicos beneficiados de ésta situación caótica.

Si analizamos las estadísticas, los suicidios han aumentado en casi todos los países y, desgraciadamente, en mayor número entre niños y jóvenes. Lo increíble es que países como Corea del Sur, Japón y algunos europeos, donde el nivel de vida es alto, tienen los índices más elevados.

La violencia en todas partes se ha incrementado, simplemente habría que voltear a ver lo que sucede en países como Corea del Norte, Irán, Irak, Afganistán, Pakistán, Libia, Siria, Egipto, Estados Unidos, Venezuela, México, Sudán, Ucrania y muchos más. En lo individual esa violencia también se ha convertido en algo de todos los días. Mujeres golpeadas o asesinadas, bullyng en las escuelas, intolerancia, maltrato a la gente de color, odio entre razas y religiones, etc.

La televisión, el cine y los juegos de video educan a nuestros niños y jóvenes para responder con violencia al considerarla como algo normal. En las noticias todos los días vemos y oímos que en países como Estados Unidos y algunos otros, siempre hay jóvenes que en escuelas y universidades matan a mansalva a profesores y a otros jóvenes como ellos. En países como México y Colombia, los medios nos muestran a verdaderos genocidas, donde narcotraficantes o células del crimen organizado torturan y matan a personas en aras de mantener sus zonas de influencia. Tal pareciera que para ellos la vida no tuviera valor alguno.

En la mayor parte de los países del mundo observamos un elevado índice de corrupción. Y no me refiero solo a prácticas corruptas de los funcionarios de los gobiernos, sino en general a formas de actuar de toda la sociedad.

También vemos como los jóvenes y los no tan jóvenes se han involucrado en el narcotráfico, ya sea como consumidores, vendedores, mulas, introductores, sicarios y demás y nos hacen pensar que el consumo de drogas es algo normal y hasta simpático.

El motivo atrás de todo ello, sin duda, es el dinero y el poder. Ambos se han convertido en los dioses de la modernidad y todos andan en busca de los satisfactores que pueden obtenerse con ellos.

Tal parece que en el pasado el propósito de la existencia era algo sabido por todos. Nacías, crecías, estudiabas un poco, trabajabas un mucho, te casabas, tenías hijos, formabas una familia, envejecías y sanseacabó. La mayor parte de la gente pobre no tenía opciones para hacer algo más. Los ricos tenían que cumplir con lo mismo, se alimentaban bien, a veces viajaban y, por supuesto, hacían más dinero.

La parte espiritual estaba dada por las religiones institucionales, había que cumplir con los ritos establecidos. En mi país había que- y aquí entre nos, todavía hay- bautizarse, hacer la primera comunión, casarse por la iglesia, ir a misa todos los domingos, confesarse y comulgar. Dios era alguien al que visitábamos en su casa los domingos, pero que no estaba muy presente en nuestras vidas, a menos que nos sucediera algo desagradable. Eso sí, casi todos aceptaban y estaban tranquilos con aquello de que éste era un valle de lágrimas y habíamos venido a sufrir para liberarnos del pecado; por cierto, un pecado cometido por nuestros primeros padres Adán y Eva, del cual ni siquiera teníamos idea. Pero de alguna forma todos sabían que "si nos portábamos bien" llegaríamos a alcanzar el cielo, lugar de ubicación incierta, donde viviríamos en paz y felices por toda la eternidad, adorando a un Dios algo autoritario, celoso y egocéntrico.

En occidente, el cristianismo estableció que existe un plan de Dios para todos nosotros, el cual es muy sencillo, pues simplemente Él desea que lleguemos a ser más como Él, pero a través del sufrimiento y del cumplimiento de normas estrictas definidas por la Iglesia. Algunos pensaban que Dios quería que viniéramos a sufrir. Idea en la que ya pocos creen en la actualidad.

Sabemos que en el pasado juzgábamos a alguien como espiritual por sus creencias o porque pertenecían a alguna religión y cumplían con todos los ritos de la misma, probablemente hasta la fecha muchos siguen pensando de esa manera; sin embargo, esa forma de ver la espiritualidad ha cambiado en casi todo el mundo, -quizás por la influencia de la Era de Acuario- por lo que cuando decimos que una persona es espiritual nos estaremos refiriendo al desarrollo de su nivel de conciencia

La imagen que nos dieron las religiones, ha venido desgastándose en casi todo el mundo, a partir del siglo XIX algunos ya no creen en nada y otros, incluso han decretado que Dios ha muerto, pero en general grandes grupos han cambiado totalmente su imagen de lo que podría ser el Ser Supremo.

Por supuesto, existe mucha gente que continúa encontrándole sentido a su existencia en los preceptos de esas religiones y ¡está bien! Cada persona busca y encuentra su sentido en lo que quiere, de acuerdo con su nivel evolutivo; no obstante, cada vez con mayor frecuencia encontramos a hombres y mujeres que dicen pertenecer a tal o cual credo pero tienen dudas y cuestionan sus preceptos o simplemente dirigen y orientan su vida sobre principios diferentes, aunque siguen cumpliendo con unas pocas de las normas de su religión.

Encontrar un propósito o un sentido a la existencia es algo meramente subjetivo. No tiene que ver con lo material, aunque en ésta época nuestras sociedades nos dicen lo contrario. Pienso que podríamos compararlo con una obra de arte. ¿Qué es lo que le da valor a una pintura, a una escultura, a una partitura musical o a una construcción?, por supuesto, no es el lienzo o el marco en el caso de la pintura, o el tipo de material en la escultura, menos el papel en que se escribió la partitura y tampoco el terreno o los materiales que se utilizaron en la construcción de un edificio. El verdadero valor es algo intrínseco a la obra de arte, pero de carácter inmaterial.

La Mona Lisa, por ejemplo, tiene un valor por quién la pintó, por esa sonrisa enigmática que tiene, por su significado histórico o por lo que su observación genera en los que la admiramos. Los millones de personas que visitan ese cuadro en el Museo del Louvre en París y que se maravillan al estar frente a ella, pueden entender ésta analogía. Podríamos obtener una copia o réplica del cuadro, como hay tantas, sin sentir la emoción que significa estar frente al original.

Habría que agregar que ello también tiene un carácter individual, no todos sentiremos lo mismo ni le daremos un valor similar.

Por lo que, insisto, al igual que en el arte, el propósito de la vida es algo subjetivo, individual e inmaterial.

Y, esto es así, porque la respuesta a la pregunta sobre el sentido de la vida está dentro de **NOSOTROS MISMOS.**

Cada uno tiene la obligación de encontrar su propia respuesta en el transcurso de su existencia. Descubrir el sentido no debiera ser un tema banal, ni debe ser dejado de lado como si fuera un hecho poco importante.

Ha habido hombres y mujeres que le han dedicado la mayor parte de su tiempo a esa tarea, pues encontrar el propósito es la llave de la felicidad. Incluso, alguien decía que solo saberlo nos cura de todos nuestros males.

Para nosotros, los habitantes del planeta tierra de éste tiempo, la búsqueda debiera volverse más importante que cualquier otra cosa, sobre todo más importante que cualquier otro objetivo de los impuestos por los condicionamientos sociales, familiares, culturales, económicos o afectivos.

La búsqueda podría cambiar todo, incluso la forma en que vemos el mundo, pues cada uno construye su vida eligiendo su camino.

Los antiguos decían que hay cuatro clases de hombres:

El primero sería el hombre dormido, que se aquel que se encuentra inmerso en maya -en la ilusión de lo material- y que no percibe lo espiritual. Es el hombre que reacciona a través de su ego, porque todo lo quiere para sí mismo. Entonces comete errores y su aprendizaje siempre se da a través del dolor y el sufrimiento. En éste tiempo la mayor parte de los habitantes de este mundo nos identificamos con éste tipo de ser humano.

El segundo tipo de hombre sería el buscador, que es el ser humano que ha empezado a entender que hay algo más que lo material y quiere encontrar la verdad y busca el camino que debe recorrer. Es el que busca la sabiduría. Por supuesto no me refiero al erudito que solo acumula conocimientos que no tiene que aplicar en él mismo.

El tercero sería el hombre que está en el proceso de despertar, que es aquel que dejó de buscar y empieza a encontrar la verdad atrás de todas las cosas, es el que ya se dio cuenta de para que nació. ¡Sí!, es el que ha encontrado un propósito para vivir y sobre él basa todo su actuar. Es el que ha renunciado al ego y permanentemente se observa para entender porque actúa de una u otra forma. Es el que trata de vivir en el aquí y el ahora.

Por último tendríamos al hombre despierto o iluminado, que es aquel que ya encontró la verdad y se eleva sobre lo material. Es el que ha despertado del sueño ilusorio de maya y ha pagado las deudas generadas por su inconsciencia. Por lo tanto, su aprendizaje ha llegado al final, vive su última encarnación y se integra a la fuente, siempre a través de la compasión y el amor.

Podríamos contar con los dedos de la mano a los hombres iluminados que conocemos. Tal vez Krishna, Lao Tse, Moisés, Jesús el Cristo, Buda y unos pocos más. Todos ellos encontraron la iluminación y generaron un cambio en la mentalidad de los seres humanos Hay otros como Francisco de Asís y Juan de la Cruz para los católicos o Gandhi y Krishnamurti para los Hindúes, y probablemente algunos otros para las otras religiones, los cuales desconozco, pero que sin lugar a dudas fueron hombres despiertos

Pero ¿qué pasó?, tal pareciera que para nuestra época se acabaron los seres como ellos; sin embargo, no es así; lo que sucede es que el esfuerzo para lograr la iluminación y el despertar es un trabajo que se realiza en forma individual y en secreto, no es para consumo de la mayoría ni para noticia en los medios, así es que los que lo han logrado prefieren el anonimato.

En este libro, en todo momento trataremos de enfocarnos sobre la parte espiritual del sentido de vida, al considerar que es la parte más importante de nuestra existencia. Nos basaremos en la sabiduría de nuestros ancestros contenida en libros sagrados o en conocimiento que actualmente tenemos a nuestra disposición, sin que esto signifique que pertenecemos a una o a otra de las religiones existentes; en realidad- y creo que esto es algo que está pasando en todas partes- nos basaremos en una amalgama de toda esa sabiduría ancestral.

Probablemente, alguien preguntaría: ¿y por qué los antiguos tendrían mayor sabiduría que nosotros, con toda nuestra ciencia y avances tecnológicos? Pues simplemente, porque ellos tenían más tiempo para meditar y entrar en ellos mismos, también tenían mayor contacto con la naturaleza, la gran madre y maestra. Nosotros, la mayor parte, seres de ciudad, pocas veces entramos en contacto con ella, ¿Cuándo volteamos a ver el cielo? ¿Cuándo sentimos el pasto con nuestros pies desnudos? ¿Cuándo tenemos tiempo para la introspección?,

En las páginas siguientes encontrarás diversos propósitos para vivir que nos plantean la ciencia, la sociedad, las religiones, nuestros padres, etc., sin embargo espero que con su lectura descubras el propósito final, el sentido profundo de tu vida.

En el capítulo I analizo como la ciencia ha tratado de encontrar el sentido de la vida, sin que hasta la fecha lo haya logrado. Mucho de lo que llamamos ciencia se basa en teorías que han ido cambiando y que seguramente continuarán evolucionando, sin que podamos afirmar que ya resolvieron todas las preguntas que nos hacemos como humanos. Aquí lo importante es que la ciencia no solo no ha logrado dar respuesta a las preguntas básicas sobre de dónde venimos, para que nacimos y hacia dónde vamos, sino ni siquiera ha logrado hacernos totalmente felices.

El capítulo II trata de cómo la sociedad también ha intentado darnos las respuestas fundamentales, los condicionamientos que la cultura, la educación y estructuras como la familia nos imponen, aunque más que ayudarnos se convierten en un estorbo en nuestro proceso de encontrar nuestro propósito. Sin embargo, existen tendencias al cambio y tal parece que al final nuestras sociedades permitirán la creación de un nuevo ser humano.

El capítulo III se refiere al deseo como motor y como impedimento para despertar y encontrar el sentido de nuestras vidas. El deseo de obtener para sí mismo, como parte del plan de la creación para continuar evolucionando, contra el deseo de obtener para compartir como meta final.

El capítulo IV, donde hablamos del significado de propósito, del Dharma de los orientales. La misión del alma.

El capitulo V, donde intentamos dar respuesta a las preguntas: ¿nacimos solo para morir?, ¿acaso no existe otro objetivo final? ¿al fallecer todo acaba?

En el capítulo VI recordamos el Sutra del Loto, sabiduría del Budismo, que nos permite entender los diez mundos en los que todos los seres humanos vivimos, hasta llegar al despertar.

Llegamos al meollo del asunto cuando en el capítulo VII tratamos de definir como propósito **"EL DESPERTAR"**. Y es que todos los seres humanos, sin excepción, tenemos un propósito principal por el que estamos en este planeta y ese es el de despertar de la conciencia cósmica o superior, entendiéndolo como encontrar dentro de nosotros la verdad, ponernos en contacto con nuestra esencia y comprender que todo lo material es maya (ilusión). Simultáneamente ese despertar trae consigo una obligación con los demás, que no implica algo complicado, sino simplemente reflejar el amor y la luz que provienen de nuestro interior.

El capítulo VIII recuerda la sabiduría de los Kleshas, formas muy simples de evitar el sufrimiento y de encontrar la plenitud.

El capítulo IX analiza el proceso para liberarse de todas nuestras cargas a través de la iluminación o el despertar y por lo general se lleva a cabo en infinidad de existencias, mejor conocidas como la rueda del Samsara y consiste en etapas definidas, que son algo así como los escalones de una escalera.

Continuando con el proceso para despertar, en el capítulo X analizaremos los Yogas como formas de volver a la fuente o religarse con el universo o con el Ser Supremo.

Por último, el capítulo XI tratará sobre cómo aplicar en la vida diaria todo lo aprendido respecto del despertar.

Cierro con un breve cuento como epílogo y con algunos principios sobre los que se fundamenta este libro.

Al final del libro incluyo un agregado consistente en un capitulo completo sobre las emociones y los sentimientos en el proceso de despertar.

La conclusión final es que tal parece que el propósito primordial de nuestra existencia es recordar quienes somos desde el fondo de nuestro ser, para ello debemos observarnos, liberarnos de las ataduras y aprender de nuestras experiencias personales, con ello crecer y lograr el ansiado despertar a través de la conciencia y el amor; luego, como decía el poeta, regresaremos a nuestro hogar.... allá en las estrellas.

# CAPÍTULO I

## LA CIENCIA Y EL SENTIDO DE VIDA:

Muchos psicólogos y psiquiatras de nuestra época coinciden en que la psicología moderna ha desoído el llamado de encontrarle sentido a todo. Probablemente porque el concepto le parece inaccesible a la ciencia, esto es, porque sale de su ámbito de competencia: lo material.

A veces pareciera que la ciencia es incapaz de resolver el misterio final de la naturaleza, tal vez porque nosotros mismos somos parte de lo que tratamos de resolver.

La ciencia fue creada básicamente para estudiar la materia y ha coadyuvado, con sus descubrimientos, a que muchos ya no puedan creer ciegamente en los preceptos religiosos. Pero es curioso como a su vez la ciencia se está convirtiendo en el mecanismo para darnos cuenta que hay algo más que lo material.

De cualquier forma la ciencia se ha convertido en la nueva religión del mundo -por cierto- sin lograr hacer más feliz a la humanidad.

Hasta hace poco, había una división clara entre ciencia y religión; los descubrimientos de la ciencia hacían que todo fuera claro. La química, la biología, las matemáticas y la física permitían predecir y catalogar casi cualquier suceso y describirlo sin rango de error, aunque ello se limitaba siempre al mundo material. Entonces, el ámbito de la religión correspondía a lo que quedaba fuera: la espiritualidad, Dios, el sentido de la existencia, la existencia del alma, la vida después de la vida, etc.

A principios del siglo pasado, Max Planck (Físico teórico y premio Nobel) cambió esa visión para siempre. Su teoría cuántica establecía que la energía, al igual que la materia, están formadas por pequeñas unidades llamadas "cuantos", en vez de estar conformadas por partículas o en lugar de ser un continuo energético como se había pensado con anterioridad y, con ello, introdujo a la física en el terreno espiritual.

La física cuántica ha planteado que, a través de su conciencia, el ser humano altera el mundo subatómico simplemente por el hecho de observarlo. Por lo tanto, ha descubierto que somos co-creadores del universo junto con el espíritu o Dios o como queramos llamarlo. Si observamos cualquier objeto, entendemos que no estamos viendo moléculas y átomos, sino que la mente le concede a la realidad estas características particulares. Ahora nos preguntamos: Si un árbol cae en el bosque y no hay nadie presente, ¿éste hace ruido?, si un animal muere dentro de una caja y nadie lo ve ¿está muerto? Si una estrella desaparece en lo más recóndito del universo y no hay alguna conciencia que lo registre ¿realmente despareció?

Pues, desde el punto de vista de la física cuántica, la respuesta es que nada ha sucedido a menos que una conciencia lo confirme y establezca que así sucedió. En ausencia de un observador, las partículas que componen todo lo existente, simplemente reaccionan de formas no predecibles y viven en mundos fantasmales porque las partículas subatómicas no son ni partículas ni ondas, sino son ambas cosas al mismo tiempo. Este es parte del famoso principio de incertidumbre.

Por otra parte, la ciencia ha descubierto que las partículas subatómicas se conforman en un 99.99 % de vacío y solamente en un 0.01 % de algo que ni siquiera es sólido, pero que tiene propiedades que pueden medirse. Por lo que la realidad que percibimos cambia y virtualmente desaparece. Concluimos que en el universo todo está principalmente formado por cúmulos de nada, vacíos a los que ya habían hecho referencia las culturas antiguas.

Lo cuántico es poco comprendido por la mayoría de nosotros, sin embargo se basa en criterios muy firmes como que todo cuanto existe es energía, que en el ámbito cuántico todo lo que sucede es incierto, que no podemos definir con claridad cuando hablamos de ondas o partículas y que en ese microcosmos la causa y el efecto no se distinguen con claridad. La verdad cuando hablamos de lo cuántico solo medimos probabilidades.

A la luz de estos descubrimientos, ciertas cosas que tradicionalmente han sido clasificadas como espirituales, toman un sentido más bien científico. La plegaria, la fe, la metafísica, la meditación y la visualización creativa son funciones elevadas de la conciencia humana y estas funciones interactúan con la realidad de manera específica en el mundo cuántico, que es la matriz del mundo material, ya que es aquí donde la energía se convierte en materia.

Por eso, el mismísimo Max Planck en el momento de aceptar el Premio Nobel de Física en 1918 dijo: "No existe la materia como tal. Toda la materia se origina y existe solo por la virtud de una fuerza la cual trae la partícula de un átomo a vibración y mantiene la más corta distancia del sistema solar del átomo junta. Debemos asumir que detrás de esta fuerza existe una mente consciente e inteligente. Esta mente es la matriz de toda la materia".

A pesar de argumento tan contundente, hace poco escuché en un programa de radio a un científico aseverar que esa moda de utilizar la mecánica cuántica para demostrar aspectos relacionados con la conciencia, no se sustenta y es una falacia, decía que quienes lo hacen son charlatanes y que toda esa gente no entiende que los principios de la física cuántica, únicamente son validos para el microcosmos y no para el mundo en el que vivimos. Al finalizar su comentario concluía: esos charlatanes no tienen ni idea de lo que es la física cuántica, y se preguntaba, ¿acaso podrían desarrollar la ecuación de Shrôdinger? ¡Cuánta soberbia!

Primero que nada, habría que entender que dentro de esos charlatanes- como él los llama- existen científicos tan o más preparados que él, que opinan lo contrario y segundo, debemos comprender que los niveles atómicos y subatómicos no están aislados de todo lo demás, sino todo lo contrario, porque sabemos que las partes de un todo influyen en el comportamiento de ese todo.

Tradicionalmente ha sido un procedimiento de la ciencia separar las partes de un todo para estudiarlas más a detalle. Sin embargo, no es posible separar el universo en lo pequeño y lo grande, pues se pierde la comprensión global. Ya la tabla Smaragdina de Hermes Trimegesto estipulaba que "como es arriba es abajo y como es abajo es arriba". Científicos como Stephen W. Hawking, actualmente buscan una teoría del todo, donde lo infinitamente pequeño con la teoría cuántica y lo infinitamente grande con la teoría de la relatividad, coincidan o donde alguna de las dos se deseche o quizá surja una tercera en discordia.

Podemos concluir que, a partir de lo que la ciencia nos enseña, en la naturaleza hay un orden independiente de la existencia del hombre, un fin al que la naturaleza y el hombre están subordinados. En el Capítulo IV de este libro hablaremos sobre la Teoría del orden implicado.

Tanto la religión y la ciencia requieren la fe en Dios. Para los creyentes, Dios está en el principio y para los físicos se encuentra al final de todas las consideraciones.

La ciencia pretende a través del pensamiento introducir un orden en la variedad de las formas que percibimos, para ello establece teorías que nos permiten comprender la realidad de la mejor forma posible. Claro que cada teoría constituye un fiel reflejo del estado de conciencia de sus creadores, pero como se sigue investigando de una forma permanente, simultáneamente se desarrolla un estado de conciencia diferente y pronto las teorías ya no encajan.

De esa forma, como la conciencia continúa ampliándose, tarde o temprano toda teoría perderá vigencia y surgirá una nueva. Eso se ha dado en toda la historia de la humanidad. Yo les pido que se acuerden de las teorías que les enseñaron en la primaria o la secundaria y verán que muchas de ellas han sido enviadas al archivo muerto.

La historia de la ciencia ha sido la historia de los errores humanos y cada generación está convencida de que ella ya no cometerá los mismos errores y ahora si encontró la verdad absoluta. A esto habría que agregar que la mayor parte de los científicos están encerrados en discursos que están de acuerdo con los criterios de la mayoría de los miembros de la academia, por lo que salirse de ellos implicaría un rechazo y una afectación a su imagen.

La teoría más aceptada en la actualidad sobre la creación del cosmos es la del Big Bang; la cual establece que todo lo existente se generó hace aproximadamente unos 13,700 millones de años, debido a la explosión de una pequeña esfera, tal vez del tamaño de una pelota de tenis, o quizás más pequeña, donde se encontraban condensadas toda la energía y la materia de lo que hoy llamamos universo; formándose paulatinamente todas las galaxias, estrellas, planetas y sus contenidos, incluso nosotros, debido a la expansión provocada. Los científicos nos dicen que esa inflación cósmica generó el espacio-tiempo.

Habría que cuestionar si se refieren a años luz o de 365 días, como los que en la actualidad recorre la tierra alrededor del sol o nos hablan de años de Júpiter o de Plutón o ¿será que en el principio la tierra se movía a mayor velocidad o estaba más cerca del sol? ¡Ya sé!, dirá alguno de ustedes y con razón, se refieren a años luz y esa distancia es lo más lejos que nuestros telescopios han logrado captar. Eso, suponiendo que la velocidad de la luz siempre haya sido una constante (algo que algunos científicos cuestionan) o que esa luz no hubiese sufrido algún tipo de desviación al pasar cerca de soles o agujeros negros.

También se nos ha dicho que el universo sigue en expansión y todo se está alejando de todo. Que probablemente llegará a un punto máximo donde se empezará a contraer y después de muchos miles de millones de años estaremos otra vez al nivel de la pelotita. Algunos otros piensan que la inflación cósmica continuará indefinidamente hasta que el Universo muera por la famosa entropía.

De ahí que algunos hayan concluido que el cosmos se creó por casualidad y de la nada (ex -nihil). En consecuencia las teorías en boga nos dicen que la vida, también se creó como algo fortuito y por lo tanto, el desarrollo evolutivo de las especies nos ha traído hasta donde estamos de una manera accidental o casual.

Respecto del Big-Bang, pocos se han preguntado: ¿y de donde carambas surgió esa esfera? y ¿que generó tal explosión?, supuestamente debió existir un antes de esa explosión y en consecuencia, la explosión no fue el origen de todo.

La pregunta fundamental -hasta la fecha sin respuesta- es: ¿Qué había antes de la pelotita? ¿Qué o quién la creo? y tal vez, lo más importante, ¿para qué? ¿Con que propósito?

Nuestros amigos científicos, se quitan esa preocupación muy fácilmente. Nos dicen que como el espacio-tiempo se inició con el Big-Bang, en consecuencia no habría tiempo anterior a ese evento, por lo tanto no habría un "antes". Esto es como decía un amigo: ¡sí, pero no o no, pero sí!.. Pero aunque traten de eliminar esa variable, no hay duda de que hubo algo previo a la gran explosión y también, que el espacio existía previamente, pues si no como podría darse la expansión, por lo tanto, el espacio y el tiempo deben haber existido con anterioridad. La pregunta sería: ¿sobre qué espacio se ha dado la expansión del universo, si como dicen no existía?, complejo verdad.

Es muy posible que nunca sepamos la respuesta, pero el ser humano con su inteligencia, continuará por siempre buscando la verdad.

Muchos hemos concluido que en efecto, atrás de todo existe un Creador, llamémosle el espíritu o el ser supremo o la fuente de todo o, ¡en fin!, Dios; aunque esta última palabra esté tan desgastada por las mismas religiones existentes.

Y conste que no digo que todo lo que nos dan las religiones institucionales este mal o equivocado, ¡no!, mucho de sus contenidos tienen información muy valiosa y desde mi punto de vista, muy cercana a la verdad, pero cifrada en simbolismos que desgraciadamente han sido manipulados por los dirigentes en aras de seguir controlando a sus adeptos.

Pero continuando con la etiología de nuestro universo, esto es, con la causa final de su existencia, habría que cuestionarnos: ¿Por qué nuestros sabios- científicos o religiosos- solo se han enfocado en la materia y la energía?, ¿acaso alguno de ellos se ha preguntado acerca del inmenso espacio sideral por el cual se han venido extendiendo las galaxias?

A mí me parecería más importante pensar en las circunstancias que crearon todo ese espacio que parece infinito, pues siempre me he cuestionado: ¿tendrá límites? o ¿su fin está tan alejado de nuestra comprensión que nosotros -ínfimas cucarachas- ni siquiera podemos entenderlo?

En lo particular, he llegado a la conclusión de que posiblemente Dios no sea únicamente toda la materia y la energía que vemos o que no vemos (como la antimateria, la energía oscura, la materia oscura, los rayos gamma, los rayos cósmicos, etc., pero que ahí están), sino el espacio, esto es, la nada.

Lao Tse dice en el Tao The King: "El Tao es la fuente de la que brotan todas las cosas" y "el Tao es un vacío insondable y está en un movimiento incesante que jamás se agota".

Algunas religiones y místicos nos dijeron que Dios está en todo lugar, en la piedra, en el agua, en el viento, en el fuego, en las plantas, en los animales y en los hombres y que todos somos una chispa divina de ese todo, sin decirnos en que parte de esos objetos o personas lo podríamos encontrar.

Lao Tse nos dice: "El Tao es ilimitado y no hay nada que esté exento de Él en cualquiera de sus partes", "todas las cosas le deben su existencia y una vez consumada su obra no se considera poseedor de nada", nos dice también que es la forma sin forma, la imagen sin imagen, lo incomprensible.

Como ya dijimos, sabemos que el 100 % de cada átomo es puro vacío e incluso, lo que llamamos materia, o sea los electrones, protones, neutrones, quarks, etc., tampoco son algo material, sino espacios o energía que no es posible tocar o ver o incluso medir.

Y volvemos a Lao Tse: "Es solo en el vacío donde se halla lo verdaderamente esencial".

Los hinduistas y budistas ya nos hablaban de maya y los egipcios dejaron constancia en sus piedras y papiros sobre el velo de Isis, esto significa que todo lo existente es ilusión.

Actualmente, los físicos nos dicen que la totalidad de lo que vemos en el Cosmos —esto es, las galaxias, los planetas, las estrellas, incluso nosotros y todo lo que existe en este planeta- corresponde únicamente al 5% del universo total. El 20% sería materia obscura y el 75% restante sería energía obscura.

El problema es que hasta la fecha no se ha podido obtener ni una millonésima de gramo de materia obscura, ni una pizca de energía obscura, a pesar de que existen experimentos e investigaciones para obtener, al menos, un indicio de esos dos elementos. Tal es el caso del proyecto Atlas que se lleva a cabo en el Colisionador de Partículas en el CERN en Ginebra, Suiza y otros como el que realizan en la estación espacial internacional, en los cuales se gastan miles de millones de dólares.

En pocas palabras, a pesar de nuestra tecnología y de las inversiones millonarias que le hemos destinado, hasta la fecha no hemos podido demostrar que existen. Más bien parecería que solo corresponden a un modelo mental creado para justificar la teoría.

De ser cierta la teoría, esto quiere decir que existe un universo invisible veinte veces mayor al visible, por lo que, aquello que vemos y que nos parece infinito, es solo una pequeña parte de lo existente.

Entonces, ¿Qué es lo que hay en ese 95% de universo invisible? ¿Serán otras dimensiones? ¿Acaso, el mundo de los muertos? O ¿será la energía divina?, no lo sabemos.

A pesar de no saber, para muchos de nosotros hay una buena noticia, nosotros somos espíritu, vivimos en un mundo espiritual, con otros seres que son también espíritu y estamos viviendo vidas espirituales, aunque no estemos conscientes de ello.

Si ustedes coinciden conmigo, llegaríamos a concluir que lo único real es ese Ser o Entidad superior que es el vacio y que llamamos Espíritu, el Tao, la Fuente, Dios, etc., pero que está conformando todo lo que nosotros creemos que existe, ¡sí!, está atrás de todo y es lo único real, aunque paradójicamente sea lo menos real para nosotros.

Por otra parte habría que analizar que el universo no se puede mirar simultáneamente pues la velocidad de la luz no lo permite. Pero…….¿Qué quiere decir esto?

Vamos a suponer que pudiéramos alejarnos lo suficiente de nuestro vecindario (La Vía Láctea) como para verla en su totalidad, de tal forma que la pudiéramos observar tal como nos la presentan en los libros, esto es como una galaxia espiral de un diámetro de aproximadamente cien mil años luz y con un contenido de algo así como cien mil millones de estrellas, aunque hay quien dice que podrían ser hasta cuatrocientos mil millones.

Como ven, nuestros científicos ni siquiera de eso están seguros y nos hace suponer que están suponiendo.

Pero en fin, supongamos que ya logramos alejarnos de nuestra galaxia, no sé, unos cien años luz y la vemos en toda su magnificencia y esplendor. Tendríamos que entender que no estamos viendo algo real, pues la distancia entre las estrellas más lejanas a nuestra posición sería de cien mil años luz, mas los cien años luz que nos alejamos, por lo tanto, estaríamos mirando la luz que partió de esos soles hace cien mil cien años luz. Muy probablemente muchos de ellos ya no existen en lo que nosotros denominaríamos el momento presente.

La luz que salió del centro de la galaxia habría recorrido al menos cincuenta mil cien años luz y la que proviene de las estrellas más cercanas a nuestra posición, habría viajado al menos los cien años luz que corresponden a la distancia a la que nos alejamos.

¡Os dais cuenta! Estaríamos viendo un collage de distintos pasados, una revoltura de imágenes de estrellas, planetas y demás que no existen, o que si existen, tendremos que esperar muchos siglos para ver su realidad, la cual de todas formas estará en el pasado.

Y conste que no quiero irme a otra galaxia como la de Andrómeda para observar a nuestra Vía Láctea, pues entonces estaríamos viendo imágenes de hace dos mil quinientos millones de años luz, ¡uf!

Deberíamos concluir que hagamos lo que hagamos, jamás podremos observar la totalidad del universo en forma simultánea, por lo que todas las imágenes que nos presenta la ciencia son imaginación pura.

¿Y así, con todas esas limitaciones de percepción de la realidad queremos captar a Dios?

Y ¿Qué sucede con la vida?, según la ciencia la vida se inició por casualidad, debido a que algunos elementos químicos se unieron en una especie de sopa, la cual fue afectada por un rayo o por la temperatura elevada del planeta. La opinión más extendida en el ámbito científico, establece la teoría de que la vida comenzó su existencia a partir de la materia inerte, en algún momento del período comprendido entre 4,400 millones de años -cuando se dieron las condiciones para que el vapor de agua pudiera condensarse por primera vez- y 2700 millones de años atrás, cuando aparecieron los primeros indicios.

Supuestamente, de ahí fue evolucionando de una manera gradual a partir de una molécula con capacidad de replicarse. Fácil, ¿verdad? ¿Y cómo fue que se generó esa capacidad?

Actualmente se han considerado las ideas e hipótesis acerca de un posible origen extraterrestre de la vida (panspermia), que habría sucedido durante los últimos 13.700 millones de años de evolución del Universo, tras el Big Bang, donde suponen que algunas moléculas llegaron en un asteroide que pudo haber chocado con la tierra. Situación -que de ser cierta- nos debe obligar a suponer que la vida ya existía en otra parte del universo y que algún evento fortuito o alguien la generaron por primera vez en otras galaxias.

Existen también las teorías de que hubo injerencia de extraterrestres en nuestra creación, lo cual, irónicamente, uniría a los creacionistas con los evolucionistas. Por supuesto tampoco tenemos pruebas de esto. La verdad es que existe una infinidad de teorías al respecto y ninguna puede corroborarse plenamente. Simplemente no sabemos cómo se inició lo que llamamos vida y menos, cómo se desarrolló la misma.

Por supuesto, nuestros científicos matarían por defender las teorías sobre el comienzo de la vida y sobre su posterior evolución, principalmente las contenidas en el Origen de las Especies de Darwin, aunque no todos coincidan con ellas.

Algunos científicos evolucionistas consideran que la probabilidad de formación espontánea de una proteína y un ácido nucleico es incalculable, por lo que las posibilidades de que de la nada apareciera una cadena proteica las podríamos calificar de astronómicas.

En los medios académicos, algunos ya admiten la imposibilidad de que la vida apareciera por casualidad. Se han publicado comentarios en el sentido de que son tantos y tan complejos los elementos necesarios para que la vida empezara por azar que parece una combinación increíblemente improbable.

Dos conocidos científicos calcularon las probabilidades de que la vida se formara por procesos naturales. Estimaron que hay menos de 1 posibilidad en 10 a la 40,000 potencia de que la vida pudiera haberse originado por ensayos al azar. ¡10 a la 40.000 potencia es un 10 seguido de 40,000 ceros!

Un afamado investigador evolucionista, incluso se ha atrevido a afirmar que el suponer que la primera célula se originó por casualidad, es como creer que un tornado pasando rápidamente a través de un patio de basura, pudiera armar un Boeing 747 a partir de los materiales que allí estuviera tirados.

Muchos otros científicos y estudiosos de la biología- por supuesto en contra de los que muchos otros creen- están convencidos de que la idea de que el programa operativo de una célula viva pudiera conformarse por casualidad en una sopa primaria aquí en la tierra o en cualquier otra parte del universo, es evidentemente de lo más absurdo.

Debemos razonar que todas las criaturas tienen un padre de algún tipo. Todas las instrucciones están en el código de ADN de los padres. Desde el momento de la concepción, el código de ADN hace su trabajo usando nutrientes para crear un cuerpo humano en su totalidad, cerebro y personalidad a partir de una única célula fertilizada.

Nadie ha encontrado un organismo que no haya tenido algún tipo de padre. Hoy por hoy, este es uno de los hechos más aceptados por la biología. Todos los seres vivientes provienen de uno o más padres, incluso nuestras modernas clonaciones. Para sorpresa, sin embargo, muchas de las personas modernas aún creen fielmente en una forma de "generación espontánea". La pregunta que muchos se han hecho desde la antigüedad es: ¿Qué fue primero, el huevo o la gallina?

La evolución de las especies por selección natural o por mutaciones, tampoco ha podido comprobarse en forma definitiva. De hecho,

Darwin no aporta a la ciencia una teoría en sentido estricto: sus libros no contienen explicación alguna que pueda someterse a experimentación acerca del origen de las especies.

En el siglo pasado los biólogos combinaron la genética mendeliana con la teoría de Darwin para formular una explicación amplia de la evolución que se conoce como teoría sintética o neodarwinismo.

La teoría sintética de la evolución explica la variación observada por Darwin entre la descendencia en términos de mutaciones y recombinaciones. Dicha teoría ha dominado las concepciones y la investigación de muchos biólogos y ha dado por resultado un enorme conjunto de pruebas que supuestamente dan apoyo a la teoría de la evolución.

Actualmente la mayor parte de los estudiosos del tema aprueban y se someten a los principios básicos de la teoría sintética de la evolución, no obstante cuestionan alguno de sus aspectos, por ejemplo, ¿Cómo influye el azar en los procesos evolutivos? ¿Por qué hay especies con un mínimo de cambio? ¿Con que frecuencia aparecen nuevas especies? Para dar respuesta se han utilizado algunos de los descubrimientos paleontológicos y genéticos, incluyendo descubrimientos en aspectos moleculares de la herencia.

Debe reconocerse que desde la publicación de El Origen de las Especies, se propusieron teorías alternativas, sin embargo sigue siendo la teoría mayormente aceptada por la comunidad científica.

Tanto la existencia de un proceso evolutivo general para los seres vivos como la teoría actual, aparentemente son principios que no admiten discusión entre los biólogos desde hace casi un siglo, no existiendo, según ellos, evidencia científica sólida en contra. No obstante, habría que destacar que a la fecha continúa siendo teoría, esto es, algo no plenamente comprobado, pues existen lagunas que no respaldan observación alguna.

El primer problema se genera cuando estudiamos a los microorganismos, como las bacterias, los hongos y otros. Este tipo de vida, a diferencia de los organismos multicelulares que pasan la información genética de padres a hijos, intercambia material genético, por lo tanto no podrían ser parte de la evolución.

Después, tenemos a la especie más abundante del planeta: los virus. Según los científicos, el origen evolutivo de los virus aún es incierto, algunos podrían haber evolucionado a partir de plásmidos (fragmentos de ADN que se mueven entre las células), mientras que otros piensan que podrían haberse originado desde bacterias. Con ello, también se rompe con la visión de la evolución de las especies, pues los virus, como las bacterias, transfieren en forma horizontal sus genes.

Desde la publicación de la teoría de Darwin se consideró uno de los mayores avances científicos y base de la paleontología. Pero, a pesar de esto, los fósiles encontrados en las excavaciones que desde entonces se han venido realizando en diversas partes del mundo, demuestran que algunas especies aparecieron de repente; en otras palabras, probablemente fueron creadas. Ello contradice la teoría.

Debemos reconocer que hasta la fecha no se ha encontrado el eslabón entre los monos y el humano, por eso se le ha llamado "perdido". Y en el caso de los humanos del siglo XXI, la selección natural ya no podría ser un principio de la teoría, pues ya no sobreviven los más fuertes o los más capaces, sino en muchos casos los más ricos. Esto quiere decir -de ser cierta la teoría- que dentro de algunas generaciones todos seremos más ambiciosos.

Actualmente se discute sobre lo que se ha denominado complejidad irreductible. Esta se refiere a todo aquello que la vida ha creado que difícilmente podría suponerse se generó por mecanismos aleatorios. Tal es el caso de la molécula de ADN o la diversidad de bacterias o el cuerpo humano en su totalidad. Si como dice la Teoría, los organismos se desarrollaron por selección natural y respondiendo a las necesidades del ambiente, como es posible, por ejemplo, que se creara el cerebro humano, el cual, según algunas investigaciones, solo funciona en un 10%. La pregunta sería: ¿para que creó la naturaleza el otro 90%? ¿Cómo es posible que previera ese posible desarrollo, si no existía la necesidad?

Los anti-evolucionistas también han alegado que los ojos de los seres vivos son estructuras tan especializadas que hubiera sido imposible su creación espontanea.

Y ¿Cómo o por qué se creó todo aquello que en el hombre es lo invisible evidente: el amor, la inteligencia, la intuición, el arte, los sueños, las ilusiones, la poesía, etc.? Sin irme totalmente del lado de los creacionistas, tal parece que la evolución planteada por Darwin no es la respuesta. Tal parece que la verdadera evolución sería crear mayor conciencia, pues es lo que se ha logrado hasta llegar al humano y, tal vez, ese sería el único objetivo de la vida.

Para concluir, yo me preguntaría y les preguntaría a ustedes: ¿tendremos las mismas teorías dentro de 100 o 200 años? Me adelanto a contestar: probablemente no.

Y como ya dije dos párrafos atrás: ¿acaso será la conciencia el elemento que hace falta en las teorías creacionistas y evolutivas, como ya es en el caso de la teoría cuántica? El preguntar el porqué de las cosas, es un don de los hombres despiertos de la Era de Acuario. El no creer ciegamente todo lo que la ciencia, la sociedad, la tradición y los medios nos inculcan. ¿Qué te dice tu intuición? ¿Qué es lo que desea manifestar tu corazón? Debemos ver todo con nuestra verdadera esencia. El humano del futuro seguramente escuchará los susurros de la divinidad sin escuchar el ruido del mundo.

Muchos científicos modernos sólo se fijan en la materia, en las cosas que se pueden ver. Es decir, creen que la materia física es la única realidad fundamental. Suponen que todo lo que existe en el cosmos, incluyendo la vida, puede ser explicado en términos de las relaciones entre la materia y no aceptan la existencia de fuerzas espirituales o sobrenaturales, por lo tanto, sería difícil obtener el propósito de la existencia de algo tan limitado.

# CAPÍTULO II

# EL PROPOSITO DENTRO DEL DESARROLLO DE LA SOCIEDAD.

La sociedad, al igual de lo que dijimos de la ciencia, debiera juzgarse por su capacidad para hacer que la mayor parte de la gente fuera feliz. Sin embargo -creo que coincidirán conmigo- no lo ha logrado.

En las sociedades de consumo en las que vivimos, hemos logrado que una minoría de toda la población tenga una gran abundancia de bienes y servicios, a pesar de ello, vivimos insatisfechos y siempre estamos deseando más. En el pasado las personas cubrían sus necesidades con muy poco, pero conforme nos hemos tecnificado mas y mas, se nos han creado una gran cantidad de "necesidades" que de hecho no lo son y que bien podríamos pasarnos la vida sin ellas.

La propaganda que recibimos todos los días y a todas horas, ha utilizado la vanidad y a nuestro ego para considerar indispensables todas esas "necesidades", con lo cual se ha debilitado el propósito real de nuestra vida. De tal forma que ni siquiera estamos concientes de la necesidad que tenemos de encontrarle sentido a nuestra vida. Y es que la respuesta a la pregunta por el sentido de la vida requiere de conciencia y madurez mental.

Debemos reconocer que vivimos una época maravillosa de cambios y de desarrollo tecnológico como no se han visto en la historia de la humanidad, pero.......

Algunos futurólogos piensan que la humanidad se ha ido desarrollando por olas, tras la primera ola (agricultura y el abastecimiento) y la segunda Ola (tecnología y manufactura, la revolución industrial, la uniformidad, las corporaciones), en el siglo XX se desarrolló la tercera ola, denominada postindustrial, que tuvo que ver con los primeros activos digitales, con el capital intelectual, y con los procesos de interacción y de trabajo, a la que se le ha llamado la era de la información.

Supuestamente, la que ahora estamos viviendo es la cuarta ola, la cual consiste en el desarrollo de toda la tecnología digital (computadoras, teléfonos celulares, iphons, etc., así como en la influencia que en todos los ámbitos de la vida ha tenido el internet o las redes). De igual forma, la cuarta ola tiene que ver con el desarrollo de la astrobiología y la biotecnología (nanotecnologías, clonación, utilización de células madre, creación de órganos, etc.), todo ello mezclado con la información.

Habría que agregar, como parte de la cuarta ola, todos los avances de la física, que nos han dado una visión diferente sobre la materia y el universo en lo general. Las Teorías Cuántica o de Cuerdas, los descubrimientos que se están teniendo en los aceleradores de partículas y, por supuesto, los avances en la comprensión del cosmos (la expansión de las galaxias, los agujeros negros, las dimensiones paralelas, la energía oscura y la materia oscura, etc.)

Desgraciadamente, ésta cuarta ola también ha unificado a nuestro planeta en una forma de capitalismo muy agresivo, donde los gobiernos están supeditados a las grandes corporaciones y donde se han generado las condiciones para convertirnos en consumidores insaciables. Observemos nuestro mundo y veremos que todo tiene que ver con vender y comprar más, satisfacer al mercado, ganar dinero, vencer a la competencia, adoptar mejor tecnología, estar a la vanguardia.

Lo que ha sucedido también con la tercera y cuarta olas - con todas sus innegables ventajas y contribuciones- es que nos hemos deshumanizado: relaciones virtuales y remotas, mecanización, falta de intimidad, aburrimiento, soledad y aislamiento. Continuamente estamos conectados con celulares, computadoras, faxes, mails o televisores y, en consecuencia, cuando nos sentimos angustiados por la soledad y el silencio, lo único que nos queda es encender alguno de esos aparatos.

Adicionalmente, ésta forma de vida nos ha llevado a las nuevas adicciones, ya no es únicamente el alcohol, la comida o las drogas, ahora tenemos la adicción a la televisión, al internet, a los celulares, a las dietas, a las compras, al ejercicio, las cirugías plásticas y no sé cuantas más.

Hace poco escuché por primera vez sobre la generación Z, los hijos de la tecnología y la inmediatez. Se refería a los niños que nacieron entre los últimos años del siglo XX y los primeros del presente. Para ellos no existen fronteras ni parece importarles las diferencias de horarios. Suelen tener más amigos virtuales que reales. El internet les ha cambiado su forma de pensar y hasta de divertirse, pues prefieren quedarse en casa con sus máquinas que salir a jugar. Lo más interesante de esta generación es que se ha observado que estos niños muestran dificultades para desarrollar relaciones interpersonales y vínculos familiares sólidos.

Por supuesto, no sólo la tecnología es la que puede deshumanizar, también está el sistema que lleva implícito. El dinero, la fama y el éxito se han convertido en nuestros objetivos de vida y esto solo nos ha hecho perder nuestra esencia. La carrera capitalista no cesa, una ganancia obliga a otra. Es como un tren del que no se puede bajar porque va demasiado rápido.

A pesar de que estos desarrollos han llevado a avances importantísimos en la medicina, las enfermedades siguen en aumento en el mundo debido al estrés, a la soledad, al aburrimiento y a una falta total de sentido.

Posiblemente algunos de ustedes, al igual que yo, en algún momento de nuestras vidas nos hemos sentido como aquel hombre que dejó su trabajo el día que descubrió que la vida no tiene sentido. En su casa y sin hacer nada, les decía a quién lo escuchara que nada importa y que por lo tanto no merece la pena hacer nada, todo da igual, porque todo empieza solo para acabar. Hace poco leí un libro de la escritora danesa Jane Teller que se llama "Nada" en donde se narra la actitud de un niño que deja la escuela y se sube a un árbol con esa misma mentalidad de que nada tiene sentido.

Sin duda, desde la antigüedad éste es un tema recurrente en la literatura, el nihilismo y el existencialismo de siglos pasados coincidían con esa visión.

Y es cierto, si lo pensamos detenidamente en el mismo instante en que nacemos, empezamos a morir. En un capítulo posterior, analizaremos si el propósito de nacer es morir.

Esto es lo que nos ésta pasando a una buena parte de la humanidad. Antes creíamos en la patria, en la bandera, en los héroes, los himnos; creíamos en nuestros gobernantes y políticos, en nuestros Dioses y en valores, muchos de ellos no de mucho valor. De repente todo se ha vuelto relativo y eso nos desconcierta.

Paralelamente y debido a todos los inconvenientes de nuestra sociedad consumista y tecnológica, han aparecido personas y grupos que pretenden: curar, llenar vacíos, encontrar respuestas, y regresar a su balance a las personas. Dentro de éstos, están los gimnasios, spas, control mental, métodos alternativos de sanación con imanes o acupuntura, astrología, meditación, música, arte oriental, yoga, taichí, nuevas religiones, formas de entrar en contacto con extraterrestres, etc., todo lo que se ha denominado "New Age", apoyado por la mercadotecnia.

Hay filósofos que aseguran que la gente está cansada de que médicos y psiquiatras se la pasen recomendando químicos para eliminar síntomas, a pesar de que muchos de los problemas de las personas no son ni químicos ni psicológicos, sino filosóficos. Nuestra educación debiera estar dirigida más hacia lo interno y a que desde niños contáramos con una filosofía de vida, antes de entrar en las depresiones que genera la falta de sentido. Y es que no se tiene que estar clínicamente enfermo ni cargar con problemas no resueltos de la niñez, para encontrar un sentido y contestar las preguntas que la humanidad siempre se ha hecho, como ¿qué es la muerte?, ¿Cuál es el propósito de la vida?, ¿tiene sentido el sufrimiento en la condición humana?.

Por lo tanto, dentro de la cuarta ola del desarrollo humano, se advierten dos caminos: El primero que tiene que ver con todo el desarrollo material, la tecnología, el consumismo, la comodidad y demás, que se refieren a lo externo y, el segundo, que tiene que ver con el desarrollo espiritual del individuo, que corresponde a lo interno, esto es al ser.

Es obvio que al hablar de lo interno no me refiero a toda esa industria que ha surgido sobre lo esotérico, eso no es sino el puente entre las dos vías a las que hemos hecho referencia y, a veces, incluso tienen que ver más con los intereses y con lo externo que con lo interno.

Tal parece que en el presente siglo y en los por venir, no necesariamente una de las corrientes se impondrá a la otra, aunque hay quién cree que al crearse una masa crítica de personas en proceso de despertar, vendrá un cambio automático en toda la raza humana. Podría ser.

Lo que si podemos pronosticar -ya que es lo único seguro- es que los próximos años serán de cambios, todos tendientes a una integración de formas y costumbres, algo que alguien ha llamado planetización y conste que no me refiero a globalización, ya que éste término más bien tiene connotaciones económicas. Si observamos, cada día nos parecemos más entre todos los habitantes de este mundo y para principios del siglo XXII, alguien que viniera de fuera, difícilmente podría distinguir diferencias.

El problema es que esos cambios son tan rápidos que nos dejan fuera a muchos. Ya en la actualidad, existen grupos de personas que se quedaron fuera de los avances informáticos y, por lo tanto, no comprenden el mundo actual.

Por lo tanto, no importa como estés haciendo algo, seguramente en diez años se hará diferente y es que los analfabetas del siglo XXI no serán los que no sepan leer y escribir, sino aquellos que no sepan aprender, desaprender y re-aprender.

Uno de los cambios más visibles que está viviendo la humanidad es el de la fusión de culturas y conceptos, el pragmatismo de occidente con el misticismo de oriente y la visión de lo espiritual de Buda y Krishna con la de Jesús, Juan de la Cruz y Mahoma. Aunque deberemos reconocer que tampoco llegaremos a los extremos del misticismo aislándonos de la sociedad, por el contrario deberemos encontrar el propósito dentro de las estructuras sociales existentes.

Probablemente, también llegaremos a un tipo de religión sin Dios. No, no es un contrasentido. Lo que sucede es que al entender que el Ser Supremo es todo lo que existe, incluso los vacíos y nosotros mismos, ya no será necesario tener una imagen de Él, entonces nos podremos religar a lo espiritual a través del respeto y amor por todo y por todos.

Yo creo que no es casualidad que todos nosotros estemos precisamente en éste planeta y en éste momento, porque nada sucede por casualidad, en el fondo todo tiene un plan secreto, aunque nosotros no lo entendamos.

Las energías planetarias del cambio influyen cada vez más en nosotros, por lo que es necesario tener una conciencia más abierta que permita acelerar esos procesos. Sin darnos cuenta hemos venido integrando nuevos códigos que han transformado nuestra vida.

Pero al ir cambiando, simultáneamente construimos lo nuevo. Luego, pasa un tiempo y descubrimos que lo nuevo ya no es funcional, ya no somos los mismos, pues nuestra conciencia también ha ido modificándose y, para que ahora todo funcione, tenemos que adaptarlo a nuestra conciencia actual.

Nos vemos obligados a cambiar las formas, hacerlas más afines a nosotros y a las nuevas necesidades.

En cada cambio, el temor y la incertidumbre nos limitan, la sensación de ir hacia lo desconocido y no saber que hay detrás, nos impiden recorrer el camino con seguridad.

Como decíamos anteriormente, en el pasado teníamos una vida más o menos estructurada y ahora estamos en blanco, ojala supiéramos hacia donde nos dirigimos. Tal vez internamente sabemos la dirección, vamos perfeccionando nuestro equilibrio con el universo, dar y recibir en la misma proporción, edificar, defender nuestras decisiones, aprender a delimitar y ,con eso, crearnos un campo de seguridad para continuar, sin excedernos, sin precipitarnos, vamos experimentando los extremos, para después darnos cuenta de que el equilibrio siempre está en el punto medio.

# CAPÍTULO III

## EL DESEO COMO MOTOR
## E IMPEDIMENTO:

Decía Aristóteles que sólo hay una fuerza motriz: el deseo.

En portugués existe un término que, desde mi punto de vista, es muy apropiado que es el de "vida senciente". Por lo que yo sé, esa palabra no existe en el español, aunque tengo conocimiento de que algunos autores la han utilizado, principalmente psicólogos o filósofos. Concretamente significa que todos los seres humanos nacemos con la necesidad o el deseo de obtener placer y felicidad.

Pero, dicho así, podría interpretarse como algo muy simplista, en realidad es algo complejo si lo estudiamos a fondo.

La pregunta es: ¿Cómo obtenemos placer y felicidad?

Cuando somos bebés probablemente al tomar el pecho de nuestra madre o al chupar el dedo o al recibir una caricia. Conforme vamos creciendo encontramos placer en el comer, en el beber, en tener cosas, en el afecto o en el reconocimiento de otros, en el sexo, en lograr cosas, como podría ser el terminar nuestros estudios; más adelante en la vida, lo encontramos en tener dinero, fama o poder y también, por supuesto, en amar y ser amados, en ayudar a otros e incluso en buscar una vida superior. Muchos encontramos placer y felicidad en tener una familia, porque la pareja y los hijos por lo general son una fuente importante.

La cantidad de objetos de placer y felicidad podría ser inmensa, según cada persona y cada cultura.

Y podría ir desde placeres que calificamos de negativos como el fumar o el beber o drogarse, hasta algunos poco tangibles como el soñar.

Como ven me refiero a diversos tipos de placer. Algunos autores sobre el tema e incluso Wiki pedía nos dicen que puede haber una gran variedad de placeres:

Al placer físico, que tiene que ver con el disfrute que se deriva de la estimulación de los órganos de los sentidos a través de relaciones sexuales o de la ingesta de comida, o tal vez por el tacto como el masaje o las caricias o para algunos el masoquismo; el placer que obtenemos al escuchar música o palabras amables; o al placer de ver arte u disfrutar de la naturaleza; o al placer de oler un perfume o a un bebe o también una comida; o el placer de hacer ejercicio o practicar un deporte como nadar o correr o jugar futbol. Dentro de este tipo de placer esta el beber alcohol o el usar algún tipo de droga.

Existe también el placer de tener, casi todo lo que obtenemos durante nuestra existencia nos produce placer y felicidad. Esto es como tener un coche, comprar una o varias casas, en fin, comprar en general, viajar, tener un negocio o una empresa, tener cuentas bancarias o bonos o lo que sea. Éste placer incluye tener el control, tener fama, ser poderoso.

Al placer psíquico, que tiene que ver con las satisfacciones que genera en el ser humano la imaginación y la fantasía, podría ser el recuerdo de situaciones en que nos sentimos felices o en paz o en que nos reímos de algún chiste; lo mismo sucedería con acordarnos de la alegría que sentimos cuando nació un hijo o en cualquier otro evento importante. Podríamos incluir cuando nos hemos sentido cerca de alguna persona o cuando nos han mostrado comprensión, así como los sentimientos de paz y serenidad.

Por supuesto también sentimos placer al crear. Nuestra mente puede lograr que nos sintamos dichosos sólo con la imaginación de lo que deseamos o de los eventos que viviremos. El placer psíquico fue considerado por Platón como el más importante.

Algunos separan del placer psíquico al que denominan placer emotivo o emocional, que está relacionado con la empatía que sentimos hacia otros seres, al compartir el amor y el afecto de la pareja o la familia, al disfrutar de amistades y sentirse aceptado por otros seres humanos.

Al placer estético, que surge al observar y disfrutar de la belleza como un ideal. Este placer va mas allá del simple placer físico de ver, por eso hay tan diversos gustos y apreciaciones.

Tendríamos también al placer intelectual, que tiene que ver con nuestro aprendizaje para poder descubrir y satisfacer nuestras necesidades espirituales e intelectuales. Esto es como en el caso de la lectura de un libro, ver una película o escuchar historias platicadas por otros.

Al placer lúdico, que se genera por la práctica de cualquier tipo de juego.

Y por último, también al placer de la meditación y de la oración, o el que tiene que ver con agradecer al Ser supremo.

A la búsqueda de todos esos placeres se le ha llamado hedonismo.

En la antigüedad el filósofo griego Epicuro consideraba que la felicidad se obtenía al vivir en continuo placer y escribió que existen varios tipos de placeres:

Los naturales y necesarios: como cubrir las necesidades físicas básicas, alimentarse, calmar la sed, el abrigo y el sentido de seguridad. Los no naturales y necesarios (así los llamaba él): la conversación amena, la gratificación sexual y las artes.

Los naturales e innecesarios que corresponderían a los excesos de los placeres naturales, como beber demasiado o comer en exceso, vestir en forma demasiado elegante, pasarse de tomar alcohol, etc. Los innaturales e innecesarios, que consideraba superfluos: la fama, el poder político o el prestigio, la avaricia, la vanidad, etc.

Epicuro dijo también que todo placer es un bien en la medida en que tiene por compañera a la naturaleza y aclaraba que los placeres vanos no son buenos, porque a la larga acarrearán dolor y no sólo son más difíciles de conseguir, sino además más fáciles de perder.

También habló de la importancia de poseer una virtud para elegir y ordenar los placeres y ésta era la prudencia. Decía que el discernimiento de los diferentes placeres y la recta prudencia, permiten acercarse a una vida feliz, lo cual constituye el objeto de la filosofía.

Epicuro valoraba como placer fundamental la tranquilidad del alma y la ausencia de dolor: "la ausencia de turbación y de dolor son placeres estables; en cambio, el goce y la alegría resultan placeres en movimiento por su vivacidad". Cuando decía que el placer es un fin, no se refería a los placeres de los inmoderados, sino en hallarnos libres de sufrimientos del cuerpo y de la turbación del alma.

Su filosofía - el epicureísmo- concluía que una rica vida privada, rodeada de amistades y de placeres moderados con el mínimo de dolores posibles y tranquilidad en el alma, da la felicidad.

Otro filósofo griego, Aristóteles, planteó junto con otros el eudemonismo. La propuesta principal del eudemonismo es: "el bien es aquello que nos hace felices y la felicidad es el aumento de nuestras fuerzas para obrar". Ellos afirmaban que para llegar a la felicidad hay que actuar de manera natural. Es decir, con una parte animal (bienes físicos y materiales), una parte racional (mente) y una parte social, que se concretaría en practicar la virtud, que según Aristóteles se situaba en el punto medio entre dos pasiones opuestas.

Los seguidores de esta teoría ética afirmaban que no se puede ser siempre plenamente feliz. Los eudemonistas pensaban que el placer era un complemento de la felicidad.

Subrayamos nuevamente que si observamos a nuestras sociedades actuales, nos daremos cuenta que todos sus integrantes somos seres insatisfechos, en conjunto vivimos en sociedades insatisfechas y sería suficiente con ver lo que la propaganda nos ofrece y como genera en nosotros ese estado de desear y desear, luego obtener y, a pesar de ello, sentirnos vacíos, pues siempre hay nuevas cosas que poseer o porque las que obtuvimos ya son obsoletas o duran muy poco.

Es tal la cantidad de bienes y servicios a nuestra disposición que permanentemente estamos deseando tener más.

Conozco mujeres que tienen 30 o 40 bolsas, o 50 pares de zapatos y todavía van a las tiendas en busca de más. Esta actitud puede llegar a niveles patológicos como en el caso de la Sra. Imelda Marcos, esposa del ex-presidente de Filipinas o de algunas artistas que llegan a tener cientos o miles de pares.

Sé de personas que tienen un automóvil del año anterior, con muy poco kilometraje recorrido y sin embargo desean cambiarlo pues ya salió el modelo nuevo. Ahora con los equipos celulares y computadoras, permanentemente casi todos buscamos el nuevo modelo que tiene mejores aplicaciones y así en todo. La ropa, la música, las parejas, todo.

En realidad los deseos no tienen fin y son el motor de nuestras vidas, son la fuerza atrás de todo lo que hacemos, pero cuando se frustran nos generan muchos problemas.

Ese deseo de vida senciente es lo que hace que las almas regresen a este mundo después de muertas y sin lugar a dudas es el origen del Karma. Entendiendo éste Karma, no como un castigo, sino como expresión de la ley de causa y efecto.

Vida tras vida vamos puliendo nuestro interior, aprendiendo a través de esos deseos que nos llevan a la gula y la ebriedad, a la lujuria, a la envidia, a la avaricia, a la ira, al orgullo, la soberbia, a la pereza, a vanagloriarse de uno mismo o a la auto-importancia, al apego, a la tristeza y demás compañeros que el cristianismo les ha llamado pecados capitales y los Gnósticos les llaman Yoes, pero que en realidad son agregados psicológicos y energías que se apoderan de nosotros y generan dolor y sufrimiento, a nosotros y a los que nos rodean.

La creencia en el demonio o los demonios proviene de esa percepción.

Tal vez por eso las religiones tradicionales catalogan a los placeres como pecados y entonces los humanos les huimos.

Tengo un amigo que en alguna ocasión me contó haber estado disfrutando de un momento de paz y relajación en el baño ruso de su club, cuando otro de los que se encontraban ahí le comentó: menos mal que este es el único placer que no se considera pecado, así es que hay que disfrutarlo mientras podamos, no vaya a ser que pronto lo prohíban.

Pero no importa como queramos llamarlos o visualizarlos, en realidad son energías que se enquistan en nuestro ego.

Sin embargo, habría que considerar que a pesar de su naturaleza, obviamente negativa, todos los deseos nos llevan a regresar a nuestra naturaleza divina.

Los deseos son nuestro camino, pues mientras no se cumplan o, al frustrarse su obtención, nos generan vacios que tratamos de llenar de cualquier forma, hasta que tarde que temprano entendemos su poca importancia.

Ese es el origen del desapego que al final de muchas vidas nos empieza a llevar de regreso a casa. Y es que el camino pasa por la estación de "el renunciamiento del ego".

Quienes han estudiado las bases de lo esotérico saben que cada "YO QUIERO" eleva el muro que separa al ser humano de la unidad; aquella que se perdió al escoger el camino del conocimiento, simbólicamente al comer de la fruta del árbol del bien y del mal, cayendo en la polaridad de la conciencia. En capítulo posterior trataremos ésto.

Cuando hablo de unidad me refiero a la unidad divina. Y es aquí donde se presenta la paradoja, porque partiendo de que Dios da vida a la creación a partir de sí mismo, suponemos que todo lo creado está separado de su creador, pero esta suposición no es correcta pues no puede haber nada fuera de Dios que lo abarca todo.

Por eso todo lo que sucede en el universo consiste en un regreso a su creador, que es una especie de nostalgia a la que los humanos le llamamos "LA BUSQUEDA DE LA FELICIDAD", la cual equivale a superar la polaridad y reintegrarse a la unidad.

La parábola del hijo prodigo del Evangelio de Lucas podría ejemplificar perfectamente este concepto, porque después de que todos los humanos nos desprendimos de la fuente y caímos en la materia, dilapidando todo lo que nos fue dado, regresaremos a integrarnos nuevamente a Dios, ahora con una mayor conciencia y entonces seremos los hijos más amados.

En el momento de morir, todos aquellos deseos insatisfechos, todos aquellos apegos de lo que si se logró, nos motivan a volver a la vida y a buscar otros caminos para su resolución.

Lo ideal sería que al morir nos creyéramos las palabras de Amado Nervo "vida nada te debo, vida estamos en paz". Sin embargo, por nuestra falta de conciencia, morimos en un estado de agitación, ya sea por lo que dejamos y de lo cual no quisiéramos separarnos o por lo que deseamos y no obtuvimos o por todos esos agregados psicológicos que se nos fueron pegando.

También, por supuesto, al momento de morir nos llegan los remordimientos por el daño que causamos en esa lucha por encontrar el placer y la felicidad.

La Iglesia Católica inventó la confesión, el perdón y el dar los Santos óleos, lo cual permite a los moribundos encontrar algo de paz, pero a pesar de ello, el deseo de vida senciente sigue siendo una inercia que los impulsa.

No es casualidad regresar con un programa de vida de aspectos que tenemos que resolver, dentro de los que se encuentran el Karma y el Dharma generados en vidas anteriores. Ese programa es una influencia más que recibe el humano en el momento de su nacimiento, adicional a la influencia genética y que podemos conocer en nuestra carta astral sobre la base de un análisis astrológico profundo.

La vida consiste en liberarse de todas esas influencias que recibimos, incluyendo las influencias culturales que se encuentran en el medio en el que nos tocó nacer y que, a través del libre albedrío y de la conciencia, las vamos superando hasta llegar a la sabiduría.

El hinduismo nos dice: "La mayor parte de los hombres oran por recibir placer y poder y la recompensa que obtienen es una nueva vida terrenal, porque aquellos que aman los placeres y el poder carecen de la determinación para ser uno con el Uno".

"Cuando un hombre habita en los placeres sensoriales, atracción por ellos nace en él. De la atracción nace el deseo, la lujuria, la codicia y éstas conducen a la pasión y la ira. De la pasión proviene la confusión de la mente, de allí la pérdida de memoria e idos los recuerdos, se olvida el deber".

"Cuando un hombre renuncia a todos los deseos que arriban a su corazón, entonces su alma en verdad ha encontrado la paz".

Señalan que la sabiduría es nublada por el deseo, el siempre enemigo del alma, deseo en sus innumerables formas, que como un fuego no puede alcanzar la saciedad. El deseo gobierna el alma, después de haber oscurecido su sabiduría.

El Judaísmo dice que al crear Dios las vasijas que son nuestras almas, las llenó de la luz, que era la fuerza de la creación y estableció "el deseo" como la fuerza para entrar en lo material.

Al generar dentro de cada alma "EL DESEO DE OBTENER PARA SÍ", entendemos que el deseo es el origen de la vida.

Algunos rabinos modernos consideran que el origen cabalístico del universo está de acuerdo con el Big Bang, pues antes de la explosión masiva las vasijas sagradas se unieron con la luz divina que las llenó. Por eso, cuando los seres deseamos, caemos en el mundo material y, entonces, dentro de los recipientes que son las almas, se separan la luz y el deseo, lo que genera un vacío, seguido por una explosión que rompe el recipiente. Estos fragmentos rotos de la vasija y la luz se convirtieron en el universo físico imperfecto.

De ahí que concluyen que todos los aspectos de la vida humana son espirituales y que requieren del conocimiento y la conciencia para aprovecharlos beneficiosamente.

Los aspectos negativos del mundo como la muerte, la enfermedad, el dolor, la frustración, la pobreza, el fracaso, la soledad, y otros, resultado de los errores humanos, son oportunidades para que cada persona, a través de su libre albedrío, pueda revelar la luz a través de correcciones o mejoras de comportamiento a lo que llaman " Tikun ". Al compartir con los demás, los seres humanos revelan más luz, y usan esta fuerza creativa de ser como Dios, haciendo del mundo un lugar mejor.

Tikún es una palabra hebrea que significa corrección o reparación de nuestra alma. El concepto cabalístico del Tikún revela el tipo de decisiones que tomamos en vidas pasadas y las que deberíamos tomar en esta vida. Probablemente tiene un significado parecido a Karma.

Al entender nuestro Tikún personal podemos identificar nuestros errores y debilidades del pasado, saber lo que traemos de vidas pasadas, sobreponernos a nuestros miedos y así evitar todo aquello que retrasa nuestro progreso en el camino hacia la Luz.

Si no tomamos en cuenta nuestro punto de corrección, estamos condenados a ser empujados y arrastrados por la vida de un lado a otro, según las posiciones de nuestras estrellas.

Nuestro Tikún nos muestra cual es el camino, el trabajo que necesitamos hacer con nosotros mismos.

Cada vez que no logramos resistirnos a nuestro comportamiento reactivo, tenemos que corregirlo en algún momento futuro. Podemos tener un Tikún con el dinero, las personas, la salud, la amistad o las relaciones.

Pasar por la vida siendo "buenas personas" no es suficiente. El secreto de nuestras vidas es cambiar nuestros propios patrones negativos que conforman nuestro Tikún. .Alguien decía que el ser buenas gentes o buenas personas es como el perfume para el sucio, es una forma de esconder nuestra falta de limpieza y nos lleva a una actitud hipócrita, por lo que tampoco se trata de eso.

Todo aquello que nos resulta incómodo es parte de nuestro Tikún. Todas las personas en mi vida que me molestan y me irritan, forman parte de mi Tikún. Si me resulta difícil hablar por mí mismo, eso forma parte de mi Tikún. Si parece que me resulta imposible pagar mis deudas, eso es parte de mi Tikún. Si me resulta difícil controlar mis pensamientos negativos, eso también es parte de mi Tikún.

Al entender esto, no podemos seguir siendo víctimas. Ya no podemos lamentarnos por las dificultades, la infancia complicada, el gobierno, el cambio climático, el desequilibrio químico, o cualquier otra circunstancia difícil a la que nos hemos enfrentado. Estas situaciones, por muy abrumadoras que parezcan, están ahí simplemente para atraer la Luz eterna de la plenitud a nuestra vida. Pero primero hay una situación de Tikún que requiere ser corregida.

En la carta natal que formulan los Astrólogos, el Tikún recibe el nombre de Nodo Lunar. Esto se refiere a la Luna, que en Cábala es muy importante porque representa el deseo de recibir.

El Nodo Lunar está constituido por dos polos diametralmente opuestos, que juntos son la clave de la realización personal, que traemos de atrás y que debemos cambiar.

Un principio básico que se desprende de todo lo anterior es: la importancia de compartir, visto como opuesto directamente a la influencia del ego, que sería el "deseo de recibir para uno mismo". El altruismo contra el egoísmo. Por la lucha activa contra la influencia del ego y compartir cada vez más en la vida, el espíritu promete que uno va a experimentar una satisfacción duradera, así como el cumplimiento y la eliminación del "caos" de la vida y se basa en la idea de que uno vive la vida, en última instancia, con una sola opción en curso: La posibilidad de ser influenciado por el ego o por la luz.

Tal pareciera que esa manera de ver las cosas coincide con la idea moderna de que todos los seres vivos, toda la materia, toda la energía e incluso el espacio-tiempo son un manifiesto de Dios.

Por lo tanto, en la medida que los seres vivos, como parte de Dios, no tenemos control sobre nuestras propias acciones, Él no recompensa a la gente por su buen comportamiento ni los castiga por su mal comportamiento. En su lugar, parece ser que el mal comportamiento conduce a efectos negativos que hay que corregir. Como vemos también coincide con otras creencias orientales.

El mundo, el dominio de la separación, fue creado para que la luz pudiera ser revelada con la aplicación del esfuerzo de cada quién por su propia elección. Es el ego el que permite a la humanidad aplicar esfuerzo, actuando como un adversario.

Conforme la humanidad revela más luz en el mundo, con el intercambio y la realización de buenas obras, más culpa se deshace, lo que permite a la humanidad a volver a un estado original de unidad, sin la culpa correspondiente.

Al igual que en el budismo, el hinduismo, el cristianismo y otras religiones y creencias, el judaísmo insiste en la importancia de no reaccionar, como cuando, por las circunstancias las personas se enojan o juzgan a los demás. Tal comportamiento implicaría "desconectarse de la Luz".

En consecuencia, si la humanidad en su conjunto sigue siendo influenciada por el ego, exhibiendo rasgos como "odiar sin motivo" o "ser intolerantes", la Luz será bloqueada, creando el caos, tal vez, con la posibilidad de un escenario de Armagedón.

Por lo tanto, el propósito de nuestras vidas es transformarnos para poder recibir la verdadera satisfacción. Estamos en este mundo para alcanzar nuestro verdadero potencial y literalmente nuevamente ser como Dios, con el compartir y dar como el fundamento de nuestro ser.

Por lo tanto, parece que existen los deseos para satisfacernos y que, a su vez, son los que impiden nuestro desarrollo y limitan el deseo de compartir, despertar e integrarnos nuevamente a la divinidad que serían nuestros propósitos fundamentales.

Sin embargo, el proceso de auto-transformación no es algo que pasa en un nivel abstracto o teórico; más bien pasa entre nosotros y otras personas. Nuestras relaciones, especialmente con la gente que sentimos más cercana, son en verdad las oportunidades reales para emular la tolerancia, el compartir y el amor que son la esencia del Creador. Estas son las cualidades que nuestras relaciones nos pueden enseñar y estas son las cualidades que más debemos aprender si queremos cumplir el verdadero propósito de nuestras vidas.

Para los budistas los hombres de nuestra época están enfermos por la falta de sentido de la vida, porque tratan de deshacerse de la responsabilidad.

Cuando tú cargas con la responsabilidad plena por todo lo que te sucede, entonces puedes descubrir el sentido de tu vida.

El alma humana expulsada de la unidad, tiene que peregrinar a través de la obscuridad de lo material y del tiempo para ganar conocimiento y sabiduría, evolucionando a través de su conciencia siempre hacia la meta que es el regreso a la unidad original.

Vivir es aprender y el destino se encarga de que uno aprenda lo que menos quiere aceptar y a lo que más resistencia le pone.

El destino de una vida es el resultado del proceso de aprendizaje recorrido hasta ese momento. Es el Karma que debemos redimir o liberar.

Hay una relación de causa y efecto entre los actos del pasado y el transcurso del destino actual, por eso el karma es la ley del equilibrio que se encarga de confrontar al hombre, una y otra vez, con el mismo tipo de problema hasta que haya redimido el problema con su acción y se haya subordinado a la ley. Todos los actos y pensamientos esperan ser compensados por un movimiento en la dirección opuesta.

La ley del Karma exige que el hombre asuma total responsabilidad por su destino. No es cierto que la culpa la tenga la sociedad, el gobierno, los virus, la esposa o el esposo, los vecinos o la casualidad.

En la vida del hombre no existe la casualidad, todo sucede por una ley, la cual la mayoría de las veces no comprendemos.

Una vez que entendemos esto, vemos desde un nuevo ángulo todo lo que se lleva a cabo entre nosotros y otras personas. Enamorándonos de todo y siendo compasivos, abrimos una gama infinita de emociones y de experiencias compartidas que se convierten en algo mucho más que sólo el aspecto romántico y emocionante. En un nivel más profundo, al nivel de nuestras almas, nosotros estamos cambiando y creciendo a través de esas relaciones. Estamos literalmente acercándonos a Dios, y al hacerlo estamos creando una apertura para la satisfacción que eso trae.

No sólo son los momentos felices que compartimos los que traen esta transformación, sino también los momentos difíciles o los puntos de conflicto; todas son oportunidades para traer cambios positivos. De hecho, los momentos más difíciles que compartimos con alguien, son las verdaderas oportunidades que esa relación nos da. Lo que vemos como un problema, en verdad es un regalo, una oportunidad de eliminar un obstáculo interno que está entre nosotros y la felicidad ilimitada que es nuestro verdadero destino.

De todo lo anterior podríamos concluir que no aparecimos en este mundo por azar, que no aparecimos mediante un proceso de selección aleatorio. Cuando Dios crea las vasijas originales el objetivo primordial es que a través del deseo de vida material podamos llegar a obtener para dar a otros. Y aquí se observa que posiblemente el deseo del Creador era, de igual forma, el deseo de compartir. Pero ¿compartir qué?, pues por supuesto su luz. Otro de los motivos primordiales del alma es su ansia de gozar de libre voluntad.

¿Aparecimos por una razón? ¿Cuál es esta razón? El Tikún, el Karma, la corrección o reparación. ¿Qué necesitamos corregir?: Nuestra alma. Cada vez que no logramos resistirnos a nuestro comportamiento reactivo, tenemos que corregirlo en algún momento futuro.

Cada uno de nosotros viene a este mundo con equipaje de vidas pasadas. Este equipaje contiene todas las situaciones en las que hemos hecho cortocircuito en nuestras vidas pasadas o en algún momento de nuestra vida presente.

Tengo el deseo de recibir para mí solo o para compartir y puedo ejercer cualquiera de esas dos cosas de la forma que lo desee. Rechazar la codicia que dice "tómalo todo para ti", es por lo tanto la misión en la vida del alma.

Pero en nuestro mundo es difícil entender ese objetivo, la mayor parte de las veces nos sentimos molestos al ver las injusticias que se cometen, sin entender el fondo.

Conozco el caso de una señora de edad avanzada, que se encontraba viviendo en una casa de retiro de beneficencia de una institución llamada Cáritas. En esa casa no pagaba nada por disponer de una cama y de alimentos, pero no tenía a nadie que la visitara ni propiedad alguna, ni siquiera ropa. Cuando las personas que la atendían se le acercaban siempre les pedía que la llevaran a recoger su ropa, aunque no podía decir a donde.

Nadie la tomaba en serio y pensaban que se trataba de alguna obsesión imaginaria derivada de alguna enfermedad como demencia senil.

La persona que me platicó de ella, esporádicamente visitaba la residencia como un colaborador voluntario y le llamaba la atención que aquella viejita siempre andaba muy pulcra y arreglada, aunque siempre con su obsesión de que la llevaran a recoger sus cosas.

Alguna vez, platicando con ella, le dijo que en su juventud había sido maestra y que había estado casada también con un maestro, el cual había fallecido muchos años atrás; tenía recuerdos muy vívidos de su vida y de lo feliz que había sido al lado de su marido y de dos hijos, un hombre y una mujer, a los que había amado mucho y a los que habían tratado de educar como es debido.

Le contó que durante muchos años, ya viuda, vivió sola, pues sus hijos vivían en ciudades lejanas en el norte del país. Había conservado su casa y un poco de dinero en el banco, todo ello producto de su trabajo y de lo que le había dejado su esposo. Habían sido años de limitaciones y sin que a sus hijos les importara su situación, pero la vida era más o menos aceptable.

Al llegar a los noventa años de edad su hija la visitó y le pidió que se fuera a vivir con ella, pues ya no era posible que ella viviera sola. La anciana estuvo de acuerdo y pensó que sería muy hermoso convivir con su familia, su hija, su esposo y sus nietos, por lo tanto los autorizó para que vendieran todo lo que tenía, sus pocos muebles y su casa. Les dio la firma para que dispusieran de sus ahorros y quedaron que en determinada fecha vendrían por ella, antes de que tuvieran que entregar su casa a los nuevos dueños.

El día llegó y nunca aparecieron los familiares, nunca más supo de ellos ni sabía su dirección y el teléfono que tenía no contestaba.

Los vecinos vieron un tiempo por ella, pero al fin y al cabo la enviaron al asilo, solo con la ropa que tenía puesta. Nunca supo donde quedó su demás ropa, de ahí su obsesión por regresar a recoger sus pocos vestidos. Era extraño que aquella anciana no mostrara rencor ni sentía tristeza por su situación, había dado todo.

Cuando en una reunión nos platicaron esta historia, todos nos manifestamos indignados y alguno dijo que así son los hijos de ingratos.

Sin embargo, habría que analizar todo ello sobre la base de la finalidad de la vida. Sin duda la anciana dio todo lo que había recibido para compartirlo con su familia, así lo sentía ella, sabía que no podría llevarse nada y en realidad no le importaba haber perdido todo.

Sus hijos, exactamente habían obrado en contra de ese principio, pues querían quitarle a su madre lo poco que tenía para ellos disfrutarlo.

Sin lugar a duda, la madre había dado un paso importante en la evolución de su alma; sin embargo, los hijos, tendrían que corregir su Tikún.

En el fondo, todo lo pasado no podría catalogarse como bueno ni malo, sino como parte normal de la existencia de todos los seres; seguramente sus hijos tendrán que llegar a un momento de desprendimiento, ya sea en ésta o en otras vidas.

Cualquier actividad humana podría entenderse de forma diferente bajo esta premisa. El sexo, por ejemplo, podemos tratar de obtenerlo como una forma de placer para uno mismo o puede ser una forma de tenerlo para compartirlo a través del amor.

Creo yo que todo lo que ha pasado en nuestra vida podría verse bajo ese cristal y nos permitiría entender muchas cosas.

La premisa es: "Aprender a compartir y rechazar la codicia que dice; tómalo todo, esa es la misión del alma".

# CAPÍTULO IV

## OTROS PROPOSITOS O DHARMA:

*Los demás tienen el aire de seres inteligentes*
*Que todo lo han aclarado.*
*Yo vivo, en cambio, en la ignorancia.*
*Todos los hombres confían más o menos en sí mismos.*
*Yo voy arrastrado por las olas*
*Sin tener un punto en el que sujetarme.*
*Todos los hombres tienen un propósito.*
*Solo yo no busco nada*
*Y, aparentemente, no tengo objetivo en la vida.*
*Tao The King. Lao Tse.*

Es un hecho que el "propósito" es la base sobre la cual debemos conectar para lograr nuestros objetivos. Y aunado al propósito tenemos la intención, pues sin intención nuestros deseos no pueden materializarse.

Debemos entender por intención la determinación de la voluntad hacia un fin. Lo intencional es siempre conciente, pues se lleva a cabo en pos de un objetivo. Por ejemplo: No tuve intención de insultarte o me criticó con intención de humillarme, también podría ser: no logro descubrir cuál es tu intención al venir a verme.

En nuestra vida diaria, la intención suele estar vinculada al deseo que motiva una acción y no a su resultado o consecuencia. Si un jugador de fútbol golpea a un rival cuando intentaba patear la pelota, se dirá que fue un golpe sin intención, ya que el jugador en cuestión pretendía impulsar el balón y no lastimar al compañero.

Por ello, debemos prestar atención a nuestras intenciones, ya que la intención determina el propósito. Deberíamos preguntarnos ¿Nuestras intenciones son congruentes con nuestras acciones? ¿Cuáles son mis verdaderas intenciones atrás de todo lo que hago? ¿Mis intenciones están alineadas con el propósito final de mi vida?

Sin duda nosotros tenemos infinidad de intenciones, algunas abiertas y positivas y otras obscuras y negativas. Por ejemplo: tengo la intención de estudiar para pasar un examen o tengo la intención de ahorrar para comprar un bien o irme de vacaciones o tengo la intención de invitar a una amiga con el fin de que se haga mi novia. En ocasiones, la envidia o la mala fe nos hacen esconder nuestras verdaderas intenciones. Por ejemplo: cuando hablamos mal de un colega y lo disfrazamos de crítica constructiva, aunque nuestra verdadera intención es destruirlo o que lo corran del trabajo. Podría ser también el caso de invitar a una amiga a nuestra casa o departamento con el pretexto de que vea unos libros o escuche algún CD, siendo que la intención escondida es aprovechar la situación y tener relaciones sexuales con ella.

Tenemos intenciones que no podemos llevar a cabo, tal es el caso del que todos los días amanece con la intención de dejar el tabaco o el alcohol o las drogas, pero no puede, pues su organismo le pide aquella substancia. Muchas personas que conozco sueñan con ser millonarias, su intención es clara, pero su educación o las circunstancias no lo permiten. Habrá quien decida ser millonario a toda costa y entonces roban o cometen fraudes o se dedican al narcotráfico, por lo que su intención es obtener lo que desean a costa de lo que sea.

Todos los días de nuestra vida surgen dentro de nuestra cabeza nuevas intenciones, relacionadas en su mayor parte con los deseos materiales que tenemos y que nos mueven, a los cuales les llamamos propósitos. En realidad son metas provisionales pero no el propósito definitivo o la razón por la cual he nacido.

Pareciera que todo lo que existe en el cosmos está ligado al propósito por un vínculo lo que me lleva a suponer que la intención no es algo que hacemos ni siquiera algo que pensamos, sino algo con lo que nos conectamos a la energía creadora del Universo.

Es obvio que todos estamos conectados permanentemente a esa Fuente que es la generadora de la vida y de la consciencia, por lo que a nosotros únicamente nos toca mantener nuestra mente limpia para estar en una frecuencia receptiva para poder recibir la energía y regresarla convertida en materia o en espíritu. Este es el proceso creativo.

¿Que impide mantener esa conexión fluida y constante? Sin lugar a dudas las preocupaciones, el estrés, las tensiones, la depresión, las tristezas, la negatividad y todo cuanto consuma nuestra energía, como aquello que traemos en el subconsciente, ahí están nuestras historias personales, el cuerpo de dolor que hemos creado por las heridas que hemos infligido o que hemos sufrido, las creencias que nos rigen y nuestros miedos, esto es, todo lo que creará las interferencias más profundas

Habría que tomar en cuenta aquellos asuntos no resueltos de vidas anteriores, nuestro Karma, los compromisos que hicimos desde antes de nacer y la carga pesada de nuestro propio nivel de ser.

Por último tendríamos todos aquellos agregados psicológicos que hemos creado por nuestros deseos de esta vida, como la soberbia, la gula, la envidia, los celos, la ambición, la pereza, el odio o la ira abierta o reprimida, etc.

La tarea es trabajar a profundidad nuestros canales de energía y sobre todo, nuestro subconsciente, para lograr mantener ese vínculo al que llamamos "intención" - "propósito" y hacer, de esta nueva forma de vida, algo realmente estable e integrado en nosotros.

Cuando le he preguntado a algún conocido o amigo cual es su propósito o la finalidad de su vida. Pocos, muy pocos, son los que dan una respuesta coherente

Casi todos tenemos claras algunas metas personales e individuales, como serían: tener una casa o un automóvil, casarse o tener una o muchas mujeres o uno o muchos hombres, ser ricos, obtener éxito, viajar, divertirse, crear su propia empresa, lograr que sus hijos estudien o sean personas de provecho, etc. Algunas de estas metas son a corto plazo y otras son a mediano o largo plazo, pero todas tienen que ver con el hacer.

Muchos consideramos que nuestros hijos y nietos son la razón de vivir, situación que nos orilla a hacerle la vida de cuadritos a nuestra descendencia, pues permanentemente queremos obligarlos a que sean como nosotros lo soñamos.

Los capitalistas tienen como principal objetivo el máximo beneficio. Los que nada tienen se conformarían con tener como meta obtener lo indispensable. Otros tienen metas menos tangibles como: ser felices, dejar de trabajar, dedicarse a pintar o a aprender cualquier cosa.

Hay personas que consideran que trascender es lo más importante. Dejar algo por lo que te recuerden las generaciones futuras.

De vez en cuando, algunos te dicen que les gustaría cambiar el mundo, pues no les gustan las cosas como están e incluso tengo un amigo que quisiera irse a un convento a meditar y rezar, alejándose de todo.

Sin embargo, no he encontrado a ninguna persona que tenga claro para que llegó a éste mundo.

Y es que, como ya dije, los humanos definimos metas y objetivos que podríamos llamar provisionales. ¿Por qué provisionales? pues porque muchas veces tomamos un objetivo particular y lo elevamos a sentido de vida.

Es claro que todo mundo dirige su intención y toda su energía – física, emocional y mental- a los medios para obtener aquello que se han fijado como meta, le dedicamos tiempo y esfuerzo, muchas veces dejando de lado a la pareja, los hijos, la familia, la diversión y la paz interna.

¿Cuántas personas conocemos que han logrado todo en la vida y sin embargo no son felices ni tienen paz en su interior? Cambiaron oro por cuentas de vidrio.

Al pasar el tiempo, ya sea que logremos o no llegar a obtener lo que nos habíamos propuesto, nos preguntamos: ¿y ahora qué?

Esos objetivos de vida que hemos considerado como el sentido final de nuestra existencia, nos llenan por un tiempo y luego caemos otra vez en el vacío. En el fondo no son buenos ni malos, pero hay que reconocer que están expuestos a los imponderables, porque cualquier cosa que nos impida lograrlos nos va a generar sufrimiento, incluso al alcanzarlos.

¿Por qué el alcanzar nuestras metas nos puede generar sufrimiento?: Pues simplemente habría que pensar en metas como obtener dinero o una casa o un coche. Cuando logro tenerlos, vivo preocupado por mantenerlos a toda costa y sobre todo por no perderlos, compro seguros y sistemas de seguridad, trato de que no se deprecien, lo que sea. Pero ¿y si los pierdo?: entonteces el sufrimiento es mayor.

Conozco a unas personas que compraron un auto de lujo y se ven en él, como si fuera la niña de sus ojos, pero...... no lo sacan con frecuencia, pues podrían rayarle la carrocería o robárselos.

Todos los que tienen metas u objetivos más o menos definidos, cuando los cumplen, pues simplemente buscan otras metas y otros objetivos que lograr y entonces la vida se les convierte en una búsqueda incesante de propósitos.

Es curioso como todas las personas con quienes he hablado del tema, sienten una gran emoción mientras luchan por lograr lo que se propusieron, pero, tal parece, que al haber alcanzado su meta, es menos satisfactoria de lo que se suponía.

De cualquier forma, casi todos nos pasamos la vida de meta en meta y de objetivo en objetivo, pero ninguno de ellos parece darnos el significado profundo que quisiéramos.

Por lo general, al final de la vida y dentro del contexto general, todas esas luchas y esfuerzos nos parecen poco relevantes y aquello que obtuvimos pareciera carecer de importancia. Además de que en la vejez pareciera que ya no hay metas a cumplir o simplemente, las que cumplimos y las que no se pudieron lograr, se convierten en recuerdos y decepción.

Los que dedicaron su vida al trabajo y a hacer dinero, en la vejez se dan cuenta que ya no pueden disfrutar todo lo que trae la riqueza, muchas veces se encuentran enfermos o limitados y entonces se preguntan ¿para qué? Otros le dieron su tiempo y esfuerzo a los hijos y a la familia, pero los hijos se van y hacen su propia vida (como debe ser) y entonces se quedan amargados porque fueron abandonados y entonces se preguntan ¿para qué?

Algunos que quisieron obtener fama o poder, tarde que temprano los pierden y se dan cuenta de que quienes se les acercaban tenían un interés personal por lo que ellos representaban, más no por ellos mismos. Los que dejaron una obra para ser recordada después de muertos, pues ya no nos pueden decir si valió la pena.

Debo reconocer que existe gente que a través de su hacer le encuentra sentido a todo lo vivido. Tal es el caso de Luis Braille, quién siendo muy pequeño quedó ciego por un accidente en el taller de su padre y con los años creó el sistema Braille que permite leer a los ciegos. Al final de su vida manifestó que el haber creado ese sistema y ayudar a tantos invidentes a tener una vida diferente, le daba sentido a toda su existencia, incluso a su ceguera.

Está el caso de la Madre Teresa de Calcuta, la cual dedicó su existencia a ayudar a los pobres y enfermos en esa ciudad de la India y que encontró el sentido de su existencia en esa actividad. Podríamos decir lo mismo de Gandhi o de Francisco de Asís y de otros pocos.

Probablemente cada uno de nosotros tiene otros ejemplos como éstos, los cuales tienen un denominador común: su hacer estuvo alineado con el propósito primordial de la existencia y, en consecuencia, lograron un despertar a través del darse a los demás.

Hay muchos que a pesar de luchar con todas sus fuerzas por todo eso de lo que hemos venido hablando, no lo han logrado y llegan a la vejez con un sentimiento de frustración y amargura. Estos con más razón se preguntan al final: ¿para qué tanta lucha y esfuerzo?

La realidad es que nos pasamos la vida deseando, queriendo y anhelando. A veces lo logramos y a veces no y, pareciera que ese es el sentido de nuestra vida.

Los consejos que nos dan los libros de autoayuda o nuestros padres y maestros siempre tienen que ver con ese tipo de logros.

Yo tenía un maestro que me decía: "Cuando uno quiere obtener algo, muchas veces se frustra por que no entiende el mecanismo que nos lleva a lograrlo". Mira- me decía- el error es que si tú deseas lograr u obtener algo, decides que lo quieres y haces lo posible por obtenerlo; sin embargo, el procedimiento debe ser exactamente al revés. Primero debes saber y definir quién eres, lo que tienes o de lo que dispones y lo que sabes, después debes definir lo que puedes en base a la respuesta a esos tres cuestionamientos y al final podrás establecer, sin duda alguna, lo que quieres. A esto le llamo alinear tus objetivos provisionales con el sentido de vida. Pero lo más importante es saber quiénes somos.

Hasta aquí seguimos con la búsqueda de logros y por el encuentro de sentido en el hacer.

Es un tema central desde el comienzo de la humanidad encontrarle significado a la existencia. Las religiones han tratado de darnos a conocer esa aspiración, siempre sobre la base de que venimos a sufrir pero del otro lado encontraremos la paz y a Dios, esto es, posponiendo la meta y el gozo.

Nietzsche decía que quien tiene un porqué para vivir, siempre encontrará un cómo. Y actualmente se sabe que algunas neurosis del hombre actual tienen que ver con su incapacidad para encontrar significación y sentido en su existencia.

Para algunos psicólogos la frustración está en la voluntad intencional, esto es la capacidad de elegir la actitud personal ante las circunstancias y eso nos llevaría a preguntar: ¿Cómo puede despertarse en un ser humano el sentimiento de que tiene la responsabilidad de vivir, por muy adversas que sean esas circunstancias.

La corriente existencialista que se puso de moda a principios y mediados del siglo XX planteaba: "Vivir es sufrir, sobrevivir es hallarle sentido al sufrimiento".

Sin embargo, más adelante analizaremos que, a pesar de todo, no podemos encontrar sentido en el sufrimiento, sino que hay formas de evitar el sufrimiento a través de técnicas muy antiguas.

La Logoterapia nos dice que el hombre necesita "algo" o "alguien" por qué o para qué vivir y que ello no quiere decir que todos inventamos el sentido de nuestra existencia, sino que lo descubrimos.

Habría que aclarar que la palabra "Logos" proviene del griego y tiene una gran cantidad de significados. Los más conocidos son: conocimiento, sabiduría o estudio de…, como en patología, geología, astrología, etc., pero también se refiere a: inteligencia, razón o sabiduría, como en lógica. Actualmente también se refiere al sentido de la vida y por eso Victor Frankl llamó a su filosofía "Logoterapia".

De manera más profunda, el logos significa: el verbo o la energía primaria de Dios. Para San Juan era la persona espiritual en conjunto con Dios al principio de la creación y para los apologistas es el atributo interno de Dios. Para San Agustín significaba la razón de Dios.

Como vemos, el sentido de vida solo puede entenderse desde el momento en que el Ser Supremo nos compartió su energía.

¿Cuál es el sentido de mi vida? Es una pregunta que a casi todos se nos presenta esporádicamente a lo largo de nuestra vida. Lamentablemente esta sociedad en la que vivimos no nos educa ni orienta para descubrir y fortalecer nuestro sentido de vida.

El sentido de nuestra existencia debiera ser lo que nos guíe en el camino de la vida, y que, de alguna forma, nos permitiera darle una dirección para orientar nuestras actividades, aún cuando los acontecimientos y circunstancias nos desvíen de ese camino. Diríamos que sería como la estrella polar que orienta a los navegantes.

No hace mucho, leí sobre un destacado periodista y editor que sufrió una grave embolia que lo dejó en coma por varios días. Cuando despertó todas sus funciones motrices estaban deterioradas, no podía moverse ni hablar, respiraba a través de un tubo, porque le habían practicado una traqueotomía. Le diagnosticaron "el síndrome de cautiverio". Únicamente podía mover un parpado y a través de ese movimiento empezó a comunicarse con quienes lo rodeaban. Materialmente vivía preso en su cuerpo y lo único que conservó fue su mente que lo llevaba a viajar, a recordar y a soñar.

Para no hacerlo más largo, el hombre, con ayuda de otras personas y moviendo su parpado, escribió un libro, que sin lugar a dudas es una muestra valiosa del coraje humano y de la forma valiente de enfrentar una adversidad como esa.

Sin embargo, lo cito porque es un caso típico, como seguramente hay muchos, donde el hombre se da cuenta de lo vacío que era todo aquello en lo que cifraba su existencia. Su existencia como esposo y padre ya no lo definía, sus logros como periodista perdieron valor, su cuerpo, sus propiedades, su ropa, todo dejaba de tener importancia; solo sus recuerdos, sus amores, sus sueños existían para él. Tal vez de lo único de lo que se arrepentía era de las oportunidades perdidas.

Este hombre falleció año y pico después de su accidente cardiovascular, pero siempre me he preguntado y, por supuesto, me hubiera gustado que escribiera sobre ello, ¿cuál fue su conclusión al final de su vida? Como se hubiera definido y como hubiera definido el sentido de su existencia. Creo que nunca se preguntó ¿Por qué me pasó esto?, al menos no lo señala en su libro, pero se habrá preguntado ¿para qué?

Todo el mundo tiene un propósito en la vida y ello incluye talentos especiales que podemos ofrecer a los demás. Según la ley del Dharma, todos tenemos talentos propios. Hay cosas que cada persona puede hacer mejor que cualquier otra y también existen necesidades para esos talentos con los que nacimos.

En sanscrito, la palabra Dharma significa, entre otras acepciones, "propósito". También se traduce como religión, ley natural, conducta correcta, virtud, aquello que sostiene o mantiene unido, algo establecido o firme, figurativamente: sustentador, apoyo y en sentido más abstracto, es similar al término griego nomos, norma fija, estatuto, ley.

Cuando estamos conscientes de esos talentos y los ofrecemos el servicio a los demás algo en nuestro interior cambia, se transforma y hace que nos sintamos realmente plenos, se trata de una sensación difícil de describir con palabras, es una emoción que se nos sale del pecho y que nos llena de energía y satisfacción.

Debemos recordar que de acuerdo a la fecha de nuestro nacimiento, cada uno de nosotros tenemos incorporada una serie de frecuencias que determinan nuestra misión de vida, además de las cualidades (fortalezas y debilidades) incorporadas para cumplir con ella.

Esto podemos saberlo en las cartas astrales de la astrología occidental o en las cartas natales mayas o en las que se preparan en la India. Instrumentos que no deben ser vistos como formas para predecir nuestro futuro, ya que todos tenemos el libre albedrío y la guía interior de nuestra divinidad.

El objetivo de las cartas es que, al conocer las energías que nos rigen en lo particular, podamos crecer espiritualmente y establecer la unión necesaria con nuestra esencia. De alguna forma nos ayudan a descubrir nuestras "sombras" (dudas, miedos, dificultades, bloqueos), que al ser reconocidas, pueden ser transformadas.

Las cartas nos pueden dar algunas indicaciones para definir quienes somos en relación con Dios y qué hemos venido a aprender, pero sobre todo, con que elementos contribuyo al patrón consciente de todos los habitantes de este planeta.

Habrá quien se cuestione ¿acaso la astrología no estaba ya superada por la ciencia?

La respuesta sería: ¡pues no! Tendremos que tomar en cuenta que incluso la ciencia está reconsiderando su postura ante el estudio de los astros en relación con el ser humano.

La forma en que en la actualidad empezamos a concebir el universo, dentro del cual estamos nosotros y nuestras mentes, parece llevarnos en dirección de lo que en la edad media se conoció como el UNUS MUNDUS y que en la actualidad ha derivado en la teoría del "Orden Implicado".

La teoría  fue desarrollada en los años 60 por el físico cuántico, por cierto amigo de Einstein: David Bohm. El postuló que debajo del "orden desplegado", que incluye el mundo que podemos percibir con los sentidos y el cual se rige por las leyes de la física conocida como tradicional, habría un "orden implicado", que a través de su información, organiza y da forma a la realidad desde un nivel cuántico o tal vez subcuántico.

Podríamos utilizar una metáfora para ilustrar el concepto de "orden implicado" utilizando la figura del holograma. Así como un holograma, en cualquier elemento del universo se halla contenida la totalidad de la información del universo y toda la información entre todas las partes del universo existe en un estado de interconexión inseparable.

A partir de ésta teoría, el orden que vemos -como podría ser el movimiento de los planetas- es, sin duda, la expresión de un "orden implicado", en el cual los conceptos de espacio y tiempo ya no tienen validez y en donde cualquier elemento del universo contiene la realidad del mismo, una totalidad que incluye tanto materia como conciencia.

Actualmente también se han desarrollado análisis sobre la "Sincronicidad", concepto propuesto por el psicólogo suizo Carl Gustav Jung, sobre la base de creencias antiguas. La sincronicidad alude a todo suceso en el que se experimenta una relación inequívoca entre un fenómeno interior y un hecho externo, hechos catalogados generalmente por la razón humana como "coincidencias". Los eventos sincronísticos, entendidos como una coincidencia significativa entre microcosmos y macrocosmos, son aplicables si consideramos que, bajo los estratos de un orden implicado individual, existe un nivel más profundo que contiene, plegada, toda la información del universo.

Otra teoría que da fuerza a estas concepciones es la del "universo fractal", la cual está ganando actualmente cada vez mayor validez científica. En esencia, la fractalidad es la propiedad estructural de un objeto que se repite dentro de sí mismo en distintas escalas. Ejemplos de ello pueden hallarse en las formas que van desde las plantas, los cristales de nieve, hasta la organización de las mismas galaxias.

Vinculando la fractalidad, la teoría del orden implicado y las sincronicidades con el principio de correspondencia de la astrología (como es arriba es abajo y como es abajo es arriba), los astrólogos del nuestro siglo se preguntan: ¿Parecería tan descabellado pensar que cuando nacimos, el todo y las partes mantenían configuraciones muy similares y que por ello somos, como parte, un fractal del universo de ese momento?

Los astrólogos siempre han sabido que el mundo material se corresponde con nuestra psique interna, por lo que no se puede tomar a ese "mundo externo" como realidad objetiva separada de nosotros. La conciencia del principio de correspondencia revelándose en nuestras vidas pone en evidencia que la transformación personal y la transformación del mundo son una misma.

Los diversos órdenes del universo se corresponden y están vinculados. No importa que no percibamos a simple vista esa conexión y no parezca evidente para nuestra conciencia cotidiana; una vez que se ha comprendido todo se percibe diferente.

Todas las culturas en el pasado han percibido esa conexión, incluso nosotros cuando miramos el cielo estrellado percibimos intuitivamente una sensación de pertenencia universal.

La astrología es una experiencia de alteración de la conciencia, permite ver lo que no puede ser visto con los ojos del intelecto. Por eso las cartas astrales nos dan una sensibilidad que revela otros mundos y otro yo. Nos pone ante la evidencia de que lo que creíamos que era el mundo, no era. Lo que creíamos ser, no éramos.

Habría que recordar que lo que cada uno de nosotros hace afecta a los otros. Todos estamos conectados. Observemos que todos somos parte de lo mismo, incluso del suelo por el que caminamos y las estrellas que miramos.

El conocer nuestro propósito final es una oportunidad de cambio. Nosotros decidimos como hacerlo, cada instante es para crecer, para tomar el mando de nuestras vidas, para cambiar de consciencia. Podemos tomar el mando de nuestras vidas, para profundizar en nuestra consciencia. Podemos tomar todo como aprendizaje y bendición, trabajando con congruencia entre lo que sentimos, pensamos y hacemos, o podemos dormirnos y cerrar un ciclo en el cual no aprendimos sobre nuestro propósito. Esta en nosotros el cambio, está en nuestras acciones, pero sobre todo, en nuestros corazones.

# CAPÍTULO V

## LA MUERTE COMO PROPOSITO. ¿NACEMOS SOLO PARA MORIR?

Aunque muchos creemos que amar la vida significa amar a Dios, porque la vida es todo y la vida es Dios, hay otros que, como ya dijimos, consideran que existir no merece la pena pues dentro de pocos años todos estaremos muertos y posiblemente olvidados y nos volveremos nada.

Lo único seguro que podemos saber de cualquier ser vivo, desde el momento de la concepción, es que morirá; no sabemos cuándo, pero de eso no hay duda alguna. Por lo tanto ¿nacemos únicamente con el propósito de morir? ¡La razón de la sinrazón!

Alguien decía que la vida es ese breve espacio de tiempo entre dos eventos: uno que no recuerdas y otro que no sabes cuándo se presentará. Podría ser en un minuto o mañana o dentro de un año o dentro de 60, pero de que el día llegará, por supuesto que llegará.

Recuerdo haber leído alguna vez un párrafo contenido en la "Historia Eclesiástica" escrita por San Beda, El Venerable, sobre un gran rey que cuestionaba a su Visir sobre la vida y la muerte. "La vida actual del hombre, oh rey, me parece a mí, en comparación con ese tiempo que desconocemos, como el raudo vuelo de un gorrión atravesando la sala donde nos sentamos a cenar en invierno con todos vuestros ministros y comandantes, y con un fuego en la chimenea, mientras que fuera persisten tormentas de lluvia y nieve. El gorrión, digo, entra volando por una ventana y sale inmediatamente por otra; mientras esta con vos, dentro del salón, está a resguardo de la ventisca, pero después de ese breve momento de calma, desaparece inmediatamente de vuestra vista y regresa hacia el oscuro invierno de donde surgió. Así también la vida de un hombre aparece también por un tiempo corto, pero ignoramos completamente lo que hubo antes y lo que vendrá después".

Esta condición parece no importar a plantas y animales, aunque todos tienen inscrito en sus genes y en su instinto lo que hemos denominado "impulso de supervivencia". Alguien preguntaba si esa falta de percepción los hacía inmortales.

Al parecer, solo el ser humano tiene conciencia de que va a morir y como decía Borges esta conciencia hace preciosos y patéticos a los hombres. Es tan fuerte su significado que la simple alusión a la muerte nos impacta y nos mueve.

Recuerdo que hace varios años en una reunión de amigos y como plática de sobremesa, surgió la discusión sobre que había después de la muerte. Conforme cada quién hablaba sobre sus creencias, pude observar que había al menos tres posturas básicas. Algunos de ellos, los más, defendían la posición del cristianismo, esto es que al morir -si habían cumplido con todas las reglas de su religión- Jesús los recibiría en su reino y vivirían por siempre en un estado de éxtasis, no recuerdo que alguno hubiera mencionado al infierno. El agnóstico que nunca falta en un grupo, manifestó que nacemos, morimos y no hay nada más después, ahí todo acaba. Había un tercer punto en discordia cuyos defensores alegaban que nacemos y morimos muchas veces con el fin de aprender, hasta llegar a un estado evolutivo donde ya no sería necesario regresar a este planeta o a ningún otro.

Por supuesto, después de infinidad de alegatos y bromas, nadie se puso de acuerdo y ninguno convenció a otro de sus particulares creencias.

Esa noche, al irme a dormir, y recordando lo que se había dicho, pensé que todos hablábamos de prejuicios, opiniones pre-establecidas que habíamos hecho nuestras en el transcurso de nuestra vida, pero que ninguno tenía pruebas suficientes o elementos para definir cuál era la verdad final. En realidad ninguno de nosotros sabía con total seguridad que nos esperaba después de entregar los tenis; sin embargo, pensé que a la larga no importaba, pues no lo sabríamos hasta vivir nuestra propia muerte. Lo que si consideré importante fue que los que pensaban que existía vida más allá de la muerte, estaban más tranquilos psicológicamente, tenían un poco menos de miedo, pero el que no creía en nada, estaba obsesionado por obtener de la vida lo más que pudiera porque al fin y al cabo no tendría otra oportunidad. Pienso que incluso esa manera de ver las cosas también afectaba su postura ética.

Sin lugar a dudas, durante nuestro paso por la vida, nos enfrentamos en infinidad de veces con la parca. ¿Quién no ha tenido que sufrir la pérdida de una mascota o un ser querido? ¿Quién no ha vivido en carne propia la muerte de otros seres humanos, al menos en las noticias o en las películas? ¿Quién no ha sufrido o sabido de actos de guerra o terrorismo o de accidentes que acaban con la vida de muchos?

Seguramente, también nos hemos enfrentado a enfermedades aparentemente terminales, como el cáncer, el Sida, esclerosis o alguna otra, ya sea en nosotros mismos o en personas que conocemos y amamos.

Todas las culturas, sin excepción, han guardado un gran respeto por la muerte, dándole infinidad de nombres y significados. En todas ellas, siempre estaba presente en ceremonias y ritos.

Todas las religiones que han existido, le dicen al hombre que no se preocupe, que en realidad es inmortal y que aunque algún día perderá su cuerpo, su alma o su ser interno continuarán por los siglos de los siglos.

Sin embargo, tal pareciera que casi ningún humano lo cree, pues en realidad todos tenemos miedo, que digo miedo, tenemos pavor a morir.

En la actualidad se han creado herramientas como la Tanatología, tendientes a que podamos enfrentar a la muerte de la mejor manera posible.

Grandes científicos trabajan en todo el mundo con el fin de lograr que vivamos muchos años más e, incluso, se gastan millones de dólares en congelar cadáveres, con la idea de que en el futuro podrán ser descubiertas las curas para las enfermedades que generaron su muerte y entonces podrán descongelar aquellos cuerpos y volverlos a la vida.

Pero la verdad es que nada tendría sentido, de no ser porque sabemos que nos tendremos que marchar. Seguramente si no tuviéramos que morir y fuéramos inmortales nos convertiríamos casi en autómatas, pues sin la preocupación de morir, nada nos importaría, nada tendría un significado.

Tal parece que la mayor parte de la humanidad no comprende que la vida y la muerte son dos elementos de una misma cosa. Son dos y se toman juntas. Observemos que ambos conceptos expresan polaridad, de lo cual hablaremos más adelante.

La muerte nos envía siempre el mensaje de que la existencia material tiene un principio y un final y por lo tanto no tiene sentido aferrarse a la vida. Además la muerte nos dice: "libérate de la ilusión del tiempo y de la ilusión del yo"

Dice Lao Tse en el Tao The King:

> A venir llamamos vida
> a marchar, llamamos muerte.
> Hay pocos que entienden la vida
> y hay pocos que entienden la muerte.
> Y pocos que mientras viven
> se acuerdan de la muerte.
> La razón de esto es que los hombres quieren,
> ante todo, acrecentar su vida.
> Por eso desconocen el secreto de la vida y de la muerte.

Y más adelante:

> Todos los hombres se afanan por encontrar la felicidad.
> Caminan a su propio sacrificio,
> como si asistieran a un banquete.
> Y llenos de orgullo,
> viven inconscientemente,
> Como si estuvieran en los jardines de una terraza en primavera.
> Solo yo permanezco en quietud
> Y no tengo deseos que expresar.
> Soy como un niño que aun no conoce la sonrisa
> Y vivo libre como una persona sin familia ni hogar.
> Todos los hombres poseen mil cosas superfluas.

En cambio, a mi esas cosas no me interesan.
¡tengo el corazón de un loco!
¡tan revuelto y tan confuso!

Pasamos la vida trabajando como esclavos y temiendo a la muerte, sin saber por qué. Tal vez debiéramos hacer un alto en el camino para darnos cuenta que es muy probable que la muerte no exista, que nuestras almas reencarnan una y otra vez de un cuerpo en otro cuerpo, con el objetivo de experimentar, aprender, amar y despertar.

Sabemos que en un plazo infinito le pueden pasar a un hombre todas las cosas y por lo tanto requerimos pasar por una gran cantidad de vidas a fin de despertar y reintegrarnos al infinito, a la conciencia universal que contiene todas las conciencias individuales.

En la actualidad se han documentado por diversos científicos los casos de niños que recuerdan vidas anteriores. Se han realizado investigaciones de personas que han muerto clínicamente pero que a través de las modernas técnicas de resucitación han regresado y cuyos recuerdos son impactantes. Las religiones siempre nos han hablado de personas que regresaron del más allá y todas nos hablan de la inmortalidad del alma.

No podemos quedarnos con la idea de que todo se acaba al morir. Creo que es mejor pensar que hay algo más fuerte que la muerte y ese es "el amor" y que para los efectos de éste mundo, mientras haya alguien que te recuerde, no habrás muerto del todo.

Tal vez la solución a la imagen tan negativa que tenemos sobre la parca, estaría en dejar de utilizar las palabras "nacimiento" y "muerte", para quitar de nuestra mente la idea de que algo que empezó se acabará. Sería mejor acostumbrarnos a decir que iniciamos un nuevo ciclo, como sinónimo de nacer y que terminamos un ciclo en lugar de morir.

Por último, diría que, para los que creemos en la reencarnación, todo lo que no hayamos comprendido antes de nuestra muerte, será una situación que se presentará como parte de nuestra siguiente encarnación.

# CAPÍTULO VI

## EL SUTRA DEL LOTO.- LOS DIEZ MUNDOS EN QUE VIVIMOS.

El Sutra del Loto es una de las obras fundamentales del budismo, En el Sutra del Loto se explica que hay diez niveles de realidad también conocidos como los diez mundos o los diez estados Infernales o los diez estados de vida condicionada o los diez reinos. Comprendiendo los diez estados uno aprende un correcto modo de vivir.

En él se dice que existen al menos diez condiciones en la vida a las que las emociones están sujetas y que por tanto podemos experimentar en cada momento. Cada uno de nosotros pasamos de una a otra según nuestra forma de relacionarnos con el mundo. En cada momento de nuestra vida, uno o varios de los diez mundos se manifiestan mientras los otros permanecen latentes.

De cualquier forma, más allá de quienes somos, de nuestra posición y de nuestros logros, son esos mundos en que habitamos los que determinan nuestra visión del mundo y, en consecuencia, nuestra felicidad o infelicidad.

De estos diez estados, los primeros seis se denominan "los senderos" y todos los seres habitamos y transitamos por uno de estos estados en respuesta a la ley de causa y efecto.

## 1) Infierno:

No es el lugar al que vamos después de la muerte. Tampoco es el lugar al que hace referencia Dante en la Divina Comedia ni el Mictlán de los mexicas ni el Hades de los griegos o el Shejol de los judíos. Simplemente es una condición creada por nuestra propia mente en el aquí y en el ahora. ¿Acaso no hemos oído a algunas personas decir que viven su infierno personal?

Cuando nos disgustamos o cuando nos sucede algo desagradable, cualquier inquietud, dolor, miedo o malestar implica vivir en el infierno. Las depresiones o los trastornos psicológicos también son el infierno. Los remordimientos o recuerdos de lo que hicimos o dejamos de hacer en el pasado, por supuesto también lo son.

Muchas veces caemos en grandes sufrimientos, como si un fuego ardiera dentro de nosotros, como si esa sensación negativa se hubiera apoderado de nosotros, sin saber cómo liberarnos. Nos angustiamos enormemente al querer salir de este estado pero cuanto más deseamos salir, más se aviva. Sin embargo, con el tiempo, uno va aceptando su propio infierno, pues no nos queda más remedio.

La mentalidad de un ser en el infierno correspondería a un estado de inquietud, terror, desamparo o angustia. El infierno es una condición extraña, es como si estuviéramos encerrados en un cuarto sin puertas ni ventanas, donde uno percibe la carencia total de libertad en sus acciones al tener una energía física y mental mínima. La persona siente estar atrapada por sus circunstancias y está dominada por la ira o la frustración y por la urgencia de destruir y autodestruirse. En nuestra época los psicólogos lo llaman neurosis. Por lo tanto, lo viven aquellas personas que se sienten completamente separados de la realidad y viven aislados de todos los que les rodean. Se sienten presos de un mundo frío e inmenso.

Por otra parte, es un estado de desesperanza en el que el sujeto se encuentra completamente abrumado, está dominado por fuerzas que aparentemente no puede controlar. Es un estado de infelicidad, depresión y angustia constantes. No es posible enfrentarse al mundo exterior, lo que produce el debilitamiento de la fuerza vital. Concretamente, este estado representa el sufrimiento y la desesperación más extremos, en el cual percibimos que no tenemos libertad de acción.

Para salir de éste estado es importante tomar conciencia y reconocer los propios demonios interiores, esos yoes o monstruos que llevamos dentro, hasta dejarlos de lado y hasta evitar alimentarlos, porque en el fondo, no tienen existencia real.

Es el peor estado mental en el que podemos existir, pero todo el mundo- yo diría sin excepción- ha vivido su infierno. También este estado se presenta cuando hemos perdido a un ser querido o cuando hemos sufrido una injusticia, cuando nos han abandonado, cuando hemos perdido un trabajo o no tenemos dinero, cuando estamos deprimidos, cuando nuestro matrimonio no va bien, etc.

## 2) Hambre o Ansia:

También podemos caer en un estado de avidez evidente, un nivel existencial caracterizado por la ansiedad de muchas cosas: comida, fama, poder, relaciones, sexo, dinero, incluso querer obtener el despertar o la iluminación. También podríamos incluir a las personas adictas al alcohol, a las drogas o a otras cosas.

Tiene que ver con tener deseos permanentes, hambre de cosas o personas, incluso de amor. Son personas que nunca están satisfechas. En la Grecia antigua se le denominaba Eros, palabra que en la actualidad solo se relaciona con lo sexual.

En el budismo se cree que seres envidiosos o avaros durante su existencia anterior regresan al mundo con un hambre insaciable. Por ello se les considera como dignos de lástima. En sus monasterios se les representa con unas bocas muy pequeñas que no permiten saciar su ansiedad y por el contrario con abultados estómagos de gula.

Cuando estamos en éste estado parece que nunca tenemos suficiente. Vivimos en la insatisfacción continua.. Nos atormentamos por la imposibilidad o la lentitud para conseguir lo que deseamos. También es una condición de nuestra época, pues todas nuestras sociedades modernas generan esa sensación de insatisfacción y de siempre querer más.

Mientras los deseos obsesivos se apoderan de nosotros estamos a merced de nuestras ansias y no podemos controlarlas. Por supuesto también es un mundo imaginario.

Este mundo se genera por los condicionamientos de la infancia y por la carencia o exceso de afecto, de comprensión, de reconocimiento, de ayuda. Hay quienes le llaman la herida del abandono.

### 3) Instinto o Animalidad:

Son los impulsos que todos traemos en nuestro código genético. El cuerpo nos pide aire, alimento, sueño, afecto, sexo, etc.; sin embargo no me refiero a cubrir las necesidades normales, sino a una exageración.

Cuando nos comportamos como animales, cuando nos dejamos cegar por el empuje de nuestros oscuros instintos, entonces la conciencia se sumerge en un estado borroso y surge el lado más primitivo y salvaje desde lo más profundo de nosotros.

En este estado nos mueven los instintos y nos exigimos su satisfacción a costa de lo que sea. No tomamos en cuenta la razón ni tampoco la moral. No dudaremos en realizar cualquier tipo de actos para conseguir lo que ansiamos. Este estado se caracteriza por la total ausencia de buen juicio y razón.

Sexualidad exagerada, deseos de violación, excitación a través del dolor o el daño a sí mismo o a otros, deseo de apetitos y placeres infinitos, todo ello es habitar éste mundo. Está muy relacionado con el estado de hambre.

### 4) Ira:

Es el estado en el cual nos irritamos ante diversos estímulos. Cuando alguien nos insulta al ir manejando y respondemos de la misma manera. Cuando no soportamos estar en un embotellamiento. Cuando nos molesta que no cumplan con nuestras ordenes o con lo que habíamos previsto. Cuando queremos discutir o cuando criticamos sin ton ni son. Cuando salimos a manifestarnos a las calles por situaciones que ni nos afectan, pero que están de moda.

Cuando lanzamos o rompemos objetos o golpeamos una pared o un mueble o a una persona.

Se refiere a pasiones exageradas e irrazonables. Cuando estamos dominados por nuestro ego, cuando nos gana la arrogancia y la necesidad de ser superior en todo. Cuándo lo experimentamos somos esclavos del orgullo y cuándo nos sentimos más importantes o superiores a los demás.

El rasgo característico de éste estado es tener el ceño fruncido o el puño cerrado, la voz ronca y el lenguaje acusador, el dedo acusador e intimidante. Mostrar una obsesión por competir y pelear.

Es un estado en el que queremos controlar y dominar a los demás. Buscamos la victoria en cualquier conflicto. Nos comparamos con los otros y con otras situaciones, lo que les impide estar en el momento presente. En este nivel sólo nos estimamos a nosotros mismos y tendemos a despreciar a otros.

Cuando somos dominados por el egoísmo, somos incapaces de comprender las cosas tal y como son, por lo que terminamos agrediendo la dignidad de los demás. Estamos firmemente aferrados a la idea de nuestra superioridad y no podemos soportar admitir que alguien nos supere en algo.

Este estado también está relacionado con los condicionamientos de tipo social, cultural, familiar, educacional y otros, que traemos de nuestra infancia, así como con la imagen de quienes creemos ser pero que no somos. La intolerancia hacia los demás por cuestiones de raza, religión y condición social son parte de este estado.

Hay quienes permanentemente están malhumorados, si es mujer le decimos que se encuentra en sus días o menopáusica y si es hombre que está loco.

Cuantos casos conocemos de personas que se pierden en esa ira y entonces agreden o insultan o incluso llegar a matar.

Las guerras y los conflictos bélicos de cualquier tipo son caldo de cultivo para una ira permanente contra los alemanes, o los judíos o los árabes o los vietnamitas o los japoneses o contra quienes ustedes quieran.

## 5) Tranquilidad:

Es un estado pacifico donde nada nos molesta en el que nuestra mente no está perturbada, donde la conciencia va pasando de un estado a otro rápidamente. Implica soltar, dejar que todo pase, alejarse de los apegos y estar en completa calma. Así todo se va mostrando tal cual es y alcanzamos un estado de paz desde el cual todo es percibido con ecuanimidad y empatía, donde hay una ausencia de razón y de pasión.

Sin lugar a dudas puede, con la práctica, llegar a ser un estado de conciencia voluntario. Tiene que ver con la actitud que cada quién tome ante las circunstancias.

Es un estado de vida calmado, donde todo se aprecia con serenidad. Si bien éste es el estado fundamental del ser humano, es un estado frágil que puede fácilmente ceder a uno de los estados inferiores cuando se enfrenta con condiciones negativas.

Es un estado en el que puede superarse el sufrimiento. En este estado, en que uno es capaz de controlar temporalmente sus deseos e impulsos y se puede vivir una vida pacífica, en armonía con el entorno y con otras personas. Aunque somos muy vulnerables a las influencias externas.

Cuando meditamos, estamos viviendo en ese mundo.

## 6) Éxtasis o embeleso.

Es un estado de felicidad repentina por cualquier motivo. En ocasiones cuando hemos alcanzado un éxito o cuando hemos triunfado en algo que nos propusimos, entramos en este estado. Cuando vemos un atardecer o un amanecer o cuando observamos un paisaje hermoso, cuando observamos a un bebé o al ser amado, llegamos por instantes a ese estado. Nos sentimos mucho más ligeros, como si nos quitásemos de encima una pesada carga que hemos sobrellevado durante mucho tiempo. Es como estar fuera de uno mismo.

Es un estado dichoso que, por lo mismo, no puede durar.

A diferencia de la verdadera felicidad conseguida en niveles superiores de conciencia, es un estado es temporal y fácilmente desaparece con un pequeño cambio en las circunstancias.

Este estado se caracteriza por esfumar las emociones negativas y ser menos vulnerable a influencias externas que los otros mundos. Es el aspecto en que uno, se siente tranquilo, feliz, despejado, alegre, gozoso, satisfecho, etc. Esta es una condición en la que existen el contento y la alegría por haberse liberado del sufrimiento o por la satisfacción de haber concretado algún deseo.

Estos seis primeros estados se denominan "los seis caminos o mundos inferiores". Tienen en común el hecho de que su aparición o desaparición dependen de las circunstancias externas. Sobre éstos seis estados basamos toda nuestra felicidad en lo práctico de la vida y se refiere a circunstancias exteriores.

Es extraño como la modernidad ha creado algunos mundos adicionales a los primeros seis senderos considerados en el Sutra del Loto.

**El mundo de la prisa.-** ¿Cuántos de nosotros vivimos en el mundo de la prisa? Siempre corriendo, siempre presionados por el reloj y por las agendas. Vemos millones de seres como autómatas, apurados subirse a los distintos metros que hay en el mundo, siempre pendientes de no llegar tarde, de infinidad de reuniones y de citas, de compromisos y plazos que no se pueden cambiar y que nos llevan a la enfermedad más común de nuestro tiempo: el estrés.

¿Dónde se apaga la urgencia y la prisa dentro del ser humano?

**El mundo virtual.-** Otro mundo que habitamos los que vivimos en el siglo XXI es el virtual. Vivimos dentro de nuestros celulares, de nuestras computadoras y demás equipos que tenemos disponibles en la actualidad. ¿Acaso no vemos por todos lados humanos hablando o enviando mensajes o metidos en internet? Los jóvenes no pueden vivir sin sus móviles, ahora los padres castigan frecuentemente a sus hijos quitándoles sus contactos. Una de mis nietas me decía que se quería morir el día que no disponía de su iphone.

Seguramente todos hemos visto en los restaurantes mesas donde todos los comensales están absortos en sus equipos, conectados con quien sabe quién, hablando lo menos posible entre ellos. No sé, a veces pienso que sí se están comunicando entre ellos, enviándose whatsApps o mensajes, evitando el riesgo de verse a los ojos e intimar..

**El mundo de las drogas.-** Hay otro mundo en el que viven millones, ese es el de las drogas. Y cuando me refiero a drogas, me refiero a todas, incluso al alcohol, las pastillas, el cigarro, la marihuana, la cocaína, el cristal y todas las demás que están a disposición de los humanos de este tiempo.

Es como vivir en mundos paralelos de imágenes distorsionadas. Alucinan, sueñan y se proyectan, pero sin conciencia. Es algo así como vivir dormidos, pues sus sentidos y su ser interno se embotan. La adicción les pide más todos los días.

Desear la droga entraría en el mundo del hambre, antes descrito, pero vivir drogado es un mundo aparte.

Lo que el Budismo da en llamar "cuatro estados nobles" representa el esfuerzo de vivir con integridad y libertad interior.

Estos mundos se desarrollan a través de la búsqueda, descubriendo y aspirando a ellos, es decir, se caracterizan por la creencia de que los humanos necesitan hacer un esfuerzo para llegar a ellos en el proceso de darnos cuenta que todo es ilusorio.

## 7) Aprendizaje.

En éste estado hacemos uso de nuestro intelecto y posiblemente también de nuestro razonamiento. Se relaciona mucho con la búsqueda del conocimiento y de la verdad.

En él, las enseñanzas principalmente de carácter espiritual nos acercan hacia la luz del conocimiento y a la sabiduría.

Es el estado en que cada uno desea la superación de sí mismo, por lo que aprende con humildad los conceptos, los estudios y las experiencias de la vida. Implica poner en práctica lo aprendido y aplicarlo en el desarrollo de la propia vida.

Es un propósito noble y sin ego. Es la condición en la que uno se dedica a forjar una vida mejor, aprendiendo de las ideas, el conocimiento y las experiencias de sus antecesores y contemporáneos. Este estado se caracteriza por buscar la verdad a través de fuentes externas, como textos y personas.

No necesariamente se refiere al aprendizaje de alguna materia en particular o de un arte o de una actividad relacionada con nuestro trabajo.

## 8) Percepción:

Percatarse instantáneamente podría significar dar paso a la intuición, esto es cuando te cae el veinte, cuando comprendes.

En la historia de la humanidad ha habido personas como Mozart, que captaba la música de un lugar al que la mayor parte de nosotros no puede ir. Otro caso sería el de Leonardo da Vinci, en su mente aparecían inventos impensables para esa época. Grandes científicos como Einstein o Newton y por supuesto a casi todos los grandes artistas, pintores como Rembrandt o Miguel Ángel o escritores como Shakespeare o Cervantes o filósofos como Sócrates. Seres humanos como Buda, que a través de la meditación captaron todo un universo nuevo para la humanidad.

O incluso místicos o profetas que pudieron ver lo que sucedería en el futuro.

Porque en efecto, ha habido seres que logran la iluminación por sí mismos, sin el uso de maestros o guías por esa percepción que proviene de quien sabe dónde..

Hay quienes creen que uno domina el proceso de percepción mediante la observación directa de los fenómenos y que se descubre algo a través de las propias observaciones, esfuerzos, concentración y meditación personal. Sin embargo hay quienes piensan que tiene que ver con conectarse con el nivel espiritual donde todas las verdades y todo el conocimiento están a disposición y que entonces esto se capta por un chispazo o una epifanía.

En este estado buscamos la verdad no a través de las enseñanzas de otras personas, sino por medio de nuestra propia percepción.

Estos dos estados, Aprendizaje y Autorrealización se llaman los "dos vehículos". Habiendo comprendido la irrealidad de las cosas materiales, cuando estamos en estos dos estados, tendemos a mirar con desdén a los que están en los seis caminos, los que no han alcanzado este nivel de entendimiento todavía y se hallan a merced de las condiciones externas.

## 9) Ayuda:

Es el estado mental donde sentimos empatía por los demás y en el cual deseamos otorgar una ayuda desinteresada y generosa. En este mundo damos y recibimos apoyo, ayuda, amor, comprensión, reconocimiento, aspirando a cambiar lo negativo por algo positivo, el malestar por bienestar, la indiferencia o el odio por amor. La oración de Francisco de Asís- la cual seguramente todos conocemos- es muy clara al respecto.

Tiene que ver con la compasión, con el amor incondicional y con ponerse en los zapatos de los demás.

Después de 500 años de la muerte del Buda histórico, el budismo fue evolucionando y nace con fuerza el ideal del bodhisattva, caracterizado por el objetivo de la liberación universal del sufrimiento, pero no únicamente para nosotros, sino con la obligación de que incluya a todos los seres vivos.

Este estado se caracteriza por que el sentimiento de felicidad que da el hecho de ayudar a los demás y es superior a las emociones que uno consigue al querer satisfacerse a uno mismo. Es un estado donde se da la misericordia, desde la estabilidad de su corazón abierto y entregado al bienestar de todo lo que vive, plantas, animales o humanos. Siente y comprende los sufrimientos de los seres y tiene la posibilidad de ayudarlos, a cada cual según sus circunstancias y situaciones.

Los seres que se encuentran en éste estado son los que aspiran a lograr la iluminación y a la vez están comprometidos a que todos los demás seres humanos la alcancen también. Teniendo conciencia de los lazos que nos unen a todos los demás (interdependencia), en este estado comprendemos que toda felicidad que gozamos únicamente es parcial y por eso nos dedicamos a aliviar el sufrimiento de otros. Los que están en este estado encuentran que su mayor satisfacción proviene del comportamiento altruista.

## 10) Despertar:

Los otros nueve mundos son estados mentales donde los humanos estamos parcialmente despiertos, aunque tengamos conciencia de ellos. El mundo del despertar es el mundo del Buda.

Un error común es ver a un Buda como un equivalente de Dios. En realidad el budismo es una religión no-teísta. Los budistas no se plantean ni especulan sobre la existencia o no de un creador supremo. Buda, "el que se ha despertado, el que se ha dado cuenta". Cualquiera tiene el potencial innato para llegar a experimentar el despertar. De hecho, se piensa que todos ya somos Budas aunque no seamos conscientes de ello.

El dolor y el sufrimiento se soportan sin preocupación, pues esta condición se alcanza cuando vemos que las cosas son tal cual son, en su justa realidad, cuando uno logra la sabiduría de percibir la realidad última de su propia vida y adquiere la infinita misericordia de dirigir constantemente sus acciones hacia objetivos benevolentes; cuando desarrolla un yo eterno y una pureza absoluta en su vida, que nada puede afectar. Se trata de percatarse que todo es maya y que la única realidad es lo espiritual.

Es un estado ideal que se puede alcanzar a través de la práctica perseverante, es algo que uno experimenta en la profundidad de su ser al tiempo que continúa actuando con benevolencia en su vida diaria.

En otras palabras, la budeidad se manifiesta diariamente en el mundo de lo cotidiano mediante correctas acciones y actos generosos. Se caracteriza por la compasión infinita y la sabiduría ilimitada. Es lo que venimos llamando **"EL DESPERTAR"**. En este estado, de manera armoniosa, podemos resolver lo que desde el punto de vista de los nueve estados parecen ser contradicciones indisolubles.

Cada uno de nosotros debiera preguntarse: ¿En cuál de esos mundos vivo casi permanentemente? ¿Soy de los que se queja de todo, no me gusta nada, sufro?

# CAPÍTULO VII

## DESPERTAR:

*¿QUIEN SOY?....... In lakech (Soy otro tu)*
*Frase de los chamanes toltecas y mayas.*

Hay un orden de prioridades en la vida que no se encuentra en lo externo ni en el hacer, sino en lo interno y en el ser.

Todos los seres humanos, sin excepción, tenemos un propósito principal por el que estamos en este planeta y ese es **"DESPERTAR".** Ya nos referimos al despertar en capítulos anteriores como meta u objetivo final. Sin duda, despertar es el reto.

Cuando decimos "despertar" nos referimos al despertar de la conciencia cósmica, a encontrar dentro de nosotros la verdad, ponernos en contacto con nuestra esencia y entender que todo es maya (ilusión). Pero simultáneamente ese despertar trae consigo una obligación con los demás, que no implica algo complicado, sino simplemente reflejar el amor y la luz que provienen de nuestro interior.

En realidad todos los esfuerzos que realizamos los humanos, sirven a éste fin; descubrir la razón de ser de las cosas, no a cambiarlas.

Paralelamente tenemos propósitos secundarios específicos para esta existencia y creamos propósitos externos que, por lo general, no tienen que ver con los primeros, ya que sus metas y objetivos no se toman de manera conciente.

Para conocer el propósito principal de nuestra vida debemos tomar en cuenta que al menos existen dos propósitos básicos: El propósito de nuestro nacimiento y el propósito de nuestra existencia propiamente dicha.

El primero es el propósito con el cual empezamos nuestra vida; la razón o razones por las cuales vinimos al mundo. Es la memoria que cada alma trae consigo.

El segundo corresponde al propósito de nuestra vida en lo general. Es el propósito relacionado con el conocimiento que hemos adquirido a través de nuestras experiencias, los deseos, decisiones, miedos y equivocaciones que se nos han presentado en el tiempo que tenemos de vida.

Pero ¿en qué consiste el despertar?, casi todas la personas que podríamos llamar sabios coinciden en que en nuestra búsqueda, al menos deben cumplirse las siguientes metas:

- Obtener mayor conciencia:

  - Conciencia de espacio y tiempo. Fluir con el tiempo.
  - Relación con el medio ambiente y el universo.
  - Evaluación de experiencias personales (aprender).
  - Equilibrio de los dos lados del cerebro y del cuerpo, corazón, mente y espíritu.
  - Conciencia de mis condicionamientos.

- Liberarse del ego a través del silencio interno.

- Lograr el desapego.

- Superar la polaridad.

- Ser feliz sobre la base de obtener paz interna.

- Liberarse del sufrimiento.

Cada uno de estos puntos será analizado más adelante. Sin embargo habría que tomar en cuenta que en todos ellos debe existir un elemento indispensable y este es la auto-observación.

Los objetivos específicos secundarios consisten en todo aquello que nos acerque a los primarios, esto es que estén alineados con nuestro nivel de ser y que tienen que ver con nuestro propósito de nacimiento:

- Liberar karma o Tikun o como se le quiera llamar,

- No crear nuevo karma,

- Cumplir con mi horóscopo de vida.

Por último, los propósitos externos pueden ser muy variados, según lo que esté a nuestro alcance de acuerdo al principio de realidad de cada quién. Nos referimos a nuestra vocación, al trabajo que realicemos, a la vida social que deseamos alcanzar, a la salud que cuidemos, a los compañeros de ruta que escojamos, a los bienes, el poder y la fama que podamos obtener.

Todos ellos se convierten en el meollo de nuestra existencia, primero por que ignoramos nuestro propósito primario y porque no nos conocemos a nosotros mismos.

Lo ideal sería alinear estos objetivos con nuestros propósitos primarios y secundarios. Sin embargo pocas veces se da.

Nuestras decisiones casi siempre las tomamos en base a nuestros deseos o a nuestros agregados psicológicos, como la ambición, la ira, la envidia, la soberbia, etc. y obviamente son diferentes en cada ser humano.

La pregunta sería: ¿Por qué nos perdemos en el camino de la vida y dejamos de cumplir con nuestro propósito principal? pues es como si un día se te ocurre salir de casa a comprar pan y en el camino te encuentras a un amigo que te invita a tomar un café y a platicar, en ese lugar conoces a otra persona que te invita a visitar a un pariente en otra ciudad y así continúas hasta que te acuerdas de que solamente ibas a comprar pan y que tu familia te está esperando.

Probablemente, mientras estuviste con los amigos ni siquiera pensaste en el motivo por el que saliste de tu casa, cambiaste tus metas y te perdiste en otros pensamientos. Por la noche, llegarás a tu domicilio y tu esposa te echará en cara tu inconsciencia. Así es como nos encontramos confundidos y sin energía para hacer lo que realmente debemos hacer. Cuando no tenemos claridad sobre nuestro propósito principal, nos extraviamos en el hacer y ello nos lleva a enfrentar conflictos y a perdernos en la contradicción.

Para poder encontrar el propósito de nuestra vida, debemos aprender a vivir de manera consciente.

Por eso la premisa principal que ya establecieron los antiguos era **"CONÓCETE A TI MISMO",** pues mientras no nos conozcamos todas nuestras decisiones y objetivos o prioridades nos llevarán por el camino equivocado. Podremos lograr grandes cosas durante nuestra vida, pero si no están alineadas al propósito principal solo nos traerán problemas y evitarán nuestra evolución.

Casi todos los humanos vemos en los hijos y nietos un propósito, muchos vivimos y podríamos morir por ellos. Cuando nacen nos dan nuestras más grandes alegrías y durante su vida, sus logros parecen ser nuestros. Aunque habría que reconocer que al final algunos se decepcionan de ellos, por eso comúnmente se dice que son unos ingratos.

En realidad, nuestra descendencia siempre es un aprendizaje. Los astrólogos comentan que las características del signo astrológico de un hijo, son los aspectos de la vida que más necesitamos aprender. Sin embargo, la mayoría de nosotros no los vemos como nuestros maestros - que al fin y al cabo lo son- sino como extensiones de nuestra propia vida y por ello queremos que en ellos se cumplan aquellos anhelos que no pudimos cumplir o aquellos criterios que pensamos que, desde nuestro punto de vista muy particular, son lo mejor para ellos. Ya el poeta de Líbano decía que los hijos no son nuestros sino que son hijos del anhelo de vida.

A veces llegamos al extremo de verlos como si fueran de nuestra propiedad y, por ello, les fregamos la vida de mil formas.

La experiencia de ser padres o abuelos estará alineada con nuestro propósito principal si decidimos aprender de ellos y amarlos sin exigir nada a cambio, dando y no esperando retribución. De no ser así, si caemos en la tentación de verlos como extensión de nuestra vida o como si fueran de nuestra propiedad y decidimos moldear su vida, entonces el propósito se desvirtúa, ya que el que desea satisfacerse es nuestro ego, del cual, por cierto, ya hablaremos después.

Tampoco se trata de pasar por la existencia sin sueños y sin tener pasión por algo, por supuesto que no; sin embargo si esos sueños y esa pasión tienen que ver con satisfacer nuestro ego, esto es, con la necesidad de que los demás nos vean maravillosos o con obtener fama, poder y dinero para satisfacción propia, tarde que temprano, nos dejarán un sabor desagradable en la boca y nos desviarán del camino.

Si esa pasión y esos sueños tienen como objetivo aprender lo que nuestro plan de estudios estableció y darse abiertamente, entonces nos permitirá avanzar en el camino trazado y elevar nuestro nivel de ser, sin necesidad de regresar en otras existencias a, por fin, obtener la sabiduría indispensable para nuestro desarrollo evolutivo.

El hombre es un ser que debe recorrer un camino, cuyo destino es religarse (religión) al universo y a la fuente que lo creó, sin embargo en la senda que hay que recorrer existen muchas desviaciones, muchos vados, por supuesto baches y deformaciones y obstáculos de todo tipo. La mayor parte impuestos por nosotros mismos.

Cada yo quiero, cada yo deseo y cada yo poseo, son caminos alternos que nos desvían de la meta final y que tarde que temprano nos hacen regresar al camino original. Alguien decía que los Dioses se burlan de los hombres cada vez que nos conceden un deseo, pues a través de ese "obtener" nos generamos todos los problemas habidos y por haber y nos detenemos en nuestra evolución, hasta entrar en conciencia de que todo lo que obtuvimos, no solo era innecesario, sino que en realidad era un obstáculo para el logro de nuestro propósito final.

No es casualidad que tanto Buda como Jesús les recomendaban a sus discípulos que abandonaran sus bienes antes de seguirlos.

Hay una novela muy famosa de Honorato de Balzac, "La Piel de Zapa", que fue escrita a principios del siglo XIX y trata de un joven que compra una piel con inscripciones en sanscrito, la cual tiene propiedades mágicas. Le concede a su propietario todo aquello que desee; sin embargo, con cada deseo cumplido se va achicando y el joven va perdiendo energía y salud. Creo que es un gran simbolismo sobre la realidad.

Hemos dicho que todo tiene un propósito, si uno se sale de ese propósito se avería. Por lo tanto, cada vez que nos enfermamos significa que hemos equivocado el camino. No sé si ustedes recuerdan la película de Hugo Cabret, en ella se establece ese principio respecto de un autómata que solo funciona cuando deja de estar averiado; siendo esto aplicable a cualquier cosa.

En cuanto al ser humano, solo saber cuál es la finalidad de su vida lo cura.

Entonces vamos a revisar lo que quisimos decir con los objetivos de nuestro propósito principal que es el despertar.

- **OBTENER MAYOR CONCIENCIA**

Tomar conciencia de todo es algo complicado, ya dijimos que implica encontrar la razón de todo. Esa razón se encuentra al descubrir el rostro que teníamos desde antes que el mundo fuera hecho.

Los científicos dedicados al estudio del cerebro, han concluido que hay un momento en la infancia en que nos hacemos concientes de nosotros mismos. Hay experimentos en los que a un bebé que apenas empieza a caminar, se le pega en su cara una pequeña calcomanía en forma de lunar y se le coloca enfrente de un espejo. Es hasta que el niño observa ese lunar y trata de quitárselo, cuándo se supone que se ha dado cuenta de que la figura del espejo y él, son lo mismo. Sin embargo, hay algunos animales, como los chimpancés y los orangutanes que reaccionan de la misma manera, por lo tanto concluiríamos que ellos también tienen conciencia de ser.

En el idioma español la palabra conciente se refiere a percatarse, a darse cuenta de o incluso a saber algo. Cuando utilizamos las palabras "ser consciente", por lo general nos referimos a lo externo, esto es al "ello".

Decimos que un niño no es conciente de ciertos riesgos que puede correr, como podría ser la altura de una construcción, lo que puede llevarlo a caer por falta de conocimiento de lo que podría sucederle; también decimos que no es conciente del riesgo de meter los dedos en un enchufe o de las intenciones que los adultos puedan tener con respecto a él.

Recordarán el libro y la película de la Historia de Pi, donde el niño se quiere acercar al tigre de bengala que tiene su padre en el zoológico de su propiedad, sin estar conciente de que lo destrozará de un solo zarpazo.

Nos referimos a la falta de conciencia de los jóvenes al beber en exceso o al drogarse o al manejar a altas velocidades o al no usar protección en sus relaciones sexuales.

Cuando hacemos referencia a adultos, decimos también que somos carentes de conciencia cuando desconocemos nuestros derechos, por ejemplo, o cuando hemos cometido una falta, de la gravedad que sea.

Hablamos de que un invidente no es conciente de los colores o de que un sordomudo no es conciente de los sonidos.

Los europeos de la Edad Media no eran concientes de que la tierra era redonda o de que existían otros humanos allende el mar. Los humanos, todos, del siglo XXI no somos concientes de la existencia de extraterrestres, por ejemplo.

A veces no somos concientes de los riesgos que tiene el mar cuando nos embarcamos y así podríamos poner infinidad de ejemplos.

He oído la historia- no sé si cierta- de que, cuando los españoles llegaron a tierras americanas, los indígenas no veían los barcos pues no estaba dentro de sus posibilidades de comprensión. Yo al menos lo dudo, porque creo que si podían comparar las carabelas con las pequeñas embarcaciones que tenían. Pero de alguna forma es un hecho que no tenían conciencia de lo que eran, como tampoco la tenían sobre la diferencia entre caballos y hombres- al menos al principio.

Los humanos de los siglos XX y XXI, por ejemplo, vemos un tiburón y seguramente lo asociamos con el tiburón de las películas; por lo que no somos concientes de lo que en realidad significa el animal para el medio ambiente global. Al calificarlo como un asesino, todos buscamos su muerte.

Si hiciéramos una encuesta sobre homosexuales, tendríamos una variedad infinita de respuestas, pues por lo general tenemos conciencia de otras preferencias sexuales a través de nuestras creencias o experiencias personales, que nos llevan a tener prejuicios y a ser tolerantes o intolerantes. Algunos mostrarían miedo o sorpresa o incluso asco o coraje y otros los verían como algo perfectamente normal.

Si hiciéramos otras encuestas sobre drogadicción o sobre religión, seguramente obtendríamos tantas respuestas como personas existen.

Por ello en la vida es tan necesario entender como hemos sido influenciados a través de la educación, de las formas y normas del país en el que nos tocó vivir y de los criterios impuestos por los padres y educadores, así como de todos aquellos conceptos que hemos dado como verdaderos, sin entender su relatividad.

Esos son los significados de nuestro propio universo conformados por creencias, valores, educación, experiencias y pensamientos que hemos creado sobre la base de nuestros temores y ansiedades. Esos significados nos hacen intolerantes; que - por cierto- son el origen de toda violencia.

Andamos por el mundo tratando de demostrar que nuestra verdad es la única válida y, entonces, te persuado o te reprimo.

Todo lo anterior se refiere a la conciencia integrada al cuerpo físico a través de nuestros sentidos y el sistema nervioso. Por lo tanto al decir mayor conciencia me refiero a obtener una conciencia profunda. Una conciencia del yo soy.

La pregunta sería ¿quién soy yo?

No me refiero a tener conciencia de mi físico, mi nombre, mi religión, mi estatus social, mis preferencias de cualquier tipo y ni siquiera a mi historia personal, sino a algo mucho más profundo.

Hace algunos años me hice esa pregunta y ahora que analizo mi respuesta me doy cuenta de lo difícil que es saber quién es uno. Por supuesto dejé por escrito dicha respuesta y entonces manifesté aspectos negativos y positivos pero, sobre todo, me vi a través de las cosas que poseía, sin darme cuenta que eso no era yo.

En mi respuesta señalé que era hijo de tal y tal personas, que era pariente de otros tantos, que era esposo de X y padre de dos hijas. Me identifiqué con mi nombre y apellidos, con mi nacionalidad, con mi religión y hasta con mis preferencias políticas. Me vi a través de mi cuerpo y de la imagen que tengo de mi mismo, me definí como una persona de complexión atlética, de lentes, no mal parecido y me califiqué cómo buen amigo, buen esposo, buen padre y en general buena gente; inteligente, joven (entonces lo era), conocedor, orgulloso de no ser una persona que bebe alcohol o fuma; también como buen jefe, honesto y prospero. Me consideré un buen deportista. Pero por el otro lado me consideré tímido, miedoso, inconsciente, y medio tonto. Incluso me observé a través de un apodo por el que algunos amigos me conocen.

Claro que también me identifiqué a través de mi historia personal, en lo que había estudiado, en los títulos que tenía, en los empleos y puestos que había obtenido, en los amigos que tenía y en que yo me catalogaba como alguien feliz. Anoté recuerdos que no me eran gratos y errores que había cometido, así como deseos que quería que se me cumplieran en el futuro.

Pero lo más extraño fue que me identifiqué con mis propiedades: mi casa, mis coches, mis libros, mi dinero y mi ropa. Y digo que es extraño pues en cierta forma todas esas cosas no son yo. Todos los "mis" son mi ego.

Como ven, incluí a mis pensamientos. Imágenes que yo mismo me he inventado.

Al igual que yo, casi todos tenemos una percepción equivocada de quienes somos. Por eso alguien decía que la vejez y la muerte son los grandes niveladores, pues ahí es donde entiendes quién eres en el fondo.

Sin lugar a dudas soy un espíritu con un alma tratando de aprender dentro de un cuerpo material. Soy un caminante que realiza un viaje a través de lo que hemos llamado vida y cuyo propósito principal es reintegrarme al infinito cuando libere mi mente y mi corazón de deseos y aspiraciones materiales. Me doy cuenta que al vivir muchas vidas he hecho daño y también me han dañado y que tengo un Karma que componer.

Me doy cuenta que todo lo que supuestamente es mío, no lo es, solo es prestado por un corto tiempo; es más, puedo perder todo y aún así seguir siendo yo.

Entiendo que todo lo que respondí únicamente corresponde a la imagen que tengo de mi mismo y a la imagen que quiero dar ante los demás.

La finalidad del universo es crear conciencia, por lo que de esa forma le encontramos sentido a la evolución, no como algo aleatorio, mecánico y sin sentido, sino con un objetivo perfectamente delineado. Este tipo de conciencia tiene que ver con el alma y con el espíritu, pero de alguna forma, también está relacionado con la conciencia que nos dan nuestros sentidos.

Dentro del concepto "obtener mayor conciencia" se encuentran::

- **Conciencia de espacio y tiempo. Fluir con el tiempo. Estar aquí y ahora.**

La mayoría de nosotros no vive en el aquí ni en el ahora, que al fin y al cabo sería lo único que tenemos. Muchos vivimos en el pasado, siempre recordando lo que fue, como fue y que pude hacer para modificarlo. Muchas películas y libros de ciencia ficción sobre viajes en el tiempo tienen que ver con esta actitud.

Oír música se convierte en una forma de volver permanentemente al pasado. Escuchamos una canción y nos recuerda en qué lugar nos encontrábamos cuando la escuchamos por primera vez o, incluso a las personas con las que estábamos.

Tengo amigos que cuando nos reunimos, solo platican de sus experiencias y de lo que les sucedió y sobre como éramos en "ese entonces". Las mujeres que fueron bellas siempre añoran aquello que tuvieron y que el tiempo se encargó de descomponer. Los ancianos siempre añoramos el pasado y de ahí que se dice que todo tiempo pasado fue mejor. ¿Acaso no hemos oído decir a mucha gente que en aquella época si había moral, que se podía confiar en los demás y que no había la degradación que existe en la actualidad?

Tal vez no nos damos cuenta, pero vemos a las cosas y a las personas que conocemos a través de la imagen que nos hemos formado en nuestra mente y de las experiencias que hemos tenido con cada uno de ellos. Alguien decía que nada engaña más que los recuerdos.

Me encuentro con un compañero de la escuela al que no veía desde hace mucho tiempo y al verlo, de inmediato comparo su presencia con la imagen que tengo de él: de inmediato le digo, pero que gordo estas o como has perdido pelo, pues recuerdo a aquel muchacho que era. A la vez, recuerdo que era un pésimo estudiante y que en varias ocasiones trató de enamorar a mi novia de aquella época. La imagen que tengo de él es que no es una persona de fiar y que en su tiempo no me agradaba. Me cuesta mucho verlo como si lo conociera por primera vez. Ya sé que estudió medicina y que se convirtió en un medico de mucho prestigio, según me han platicado; sin embargo, lo sigo percibiendo a través del pasado.

Así nos pasa con casi todas las personas a quien conocemos, incluso con los de nuestra propia familia. Todos, sin excepción, responden a imágenes que nos hemos ido formando. Ya sabes que tu hijo mayor es de determinada forma y que el menor, a veces hace tonterías por su inmadurez, pero nos es difícil ver a las personas sin toda esa carga que hemos acumulado durante algún tiempo.

Dentro de esa imagen están los juicios, validos o no, que hemos hecho sobre cada persona, sus defectos o sus cualidades, sean ciertos o no; pues aún esas supuestas cualidades pueden ser solo parte de la imagen que ellos mismos han formado a su alrededor.

Todos los que han tenido una pareja entenderán como hay infinidad de situaciones que hemos vivido con ella que no se olvidan. Te acuerdas cuando me dejaste plantado, tú siempre has sido infiel o nunca olvido como me pusiste en ridículo delante de mis amigos o amigas. Por eso nunca se perdonan las faltas, pues siempre se vive y se juzga a través de los recuerdos. Así seguimos viendo a los demás, no como son en este instante, sino como fueron en otro momento.

Lo mismo pasa con las cosas, los objetos inanimados, los animales, las plantas y en fin con todo lo que nos rodea. Yo observo una flor en el jardín o un árbol en el bosque al que le corresponde un nombre que me han dado los libros o mi educación y ese nombre trae consigo todo aquello que he leído o me han platicado sobre la flor o sobre el árbol. Así conocemos casi todo lo que existe, le ponemos una etiqueta y le otorgamos una serie de características.

Eso incluye a las galaxias, las estrellas y planetas, como a los átomos y partículas subatómicas, aunque con cada nuevo descubrimiento nuestros conceptos al respecto varían.

Cuantas veces nos atrevemos a tocar la flor o el árbol para entrar en una comunión con su esencia, olvidándonos de sus nombres y de lo que hemos leído sobre ellos.

Por lo tanto, tener conciencia implica ver las cosas y todo lo que existe como si fuera la primera vez, percibirlos desde nuestro interior y no solo desde nuestra razón ni de nuestros recuerdos.

Algo similar pasa con el futuro. Nos levantamos por la mañana, con la imagen de lo que tenemos que hacer en el resto del día, a los pocos minutos, estando en el baño rasurándonos y bañándonos, nuestra mente ya está tratando de imaginar lo que diremos en la reunión de mediodía. Nos estamos bañando y pensamos que le debemos hablar al técnico de la TV pues no se está viendo bien. Probablemente ya estemos trabajando y ya estamos pensando en las personas con las que comeremos o en el regalo que tenemos que comprar para un familiar que cumple años.

Siempre estamos desfasados, incluso cuando tomamos un vaso de agua o comemos. En el primer caso, saboreamos el agua antes de llevarla a la boca o, comiendo la sopa, ya estamos pensando en qué clase de postre pediremos.

Otras veces el desfasamiento es mayor, como cuando estamos pensando en a dónde iremos de vacaciones, temiendo que nos vaya a tocar un tiempo malísimo. La mayor parte del tiempo lo dedicamos a soñar en lo que pasará o podría pasar, siendo esto el origen de nuestros temores. Vivimos en un estado de ensoñación permanente cuando nos imaginamos situaciones del futuro: cuando termine mi carrera, cuando me case, cuando tenga a mis hijos, cuando publiquen mi libro, cuando me muera, cuando sea viejo, cuando, cuando, cuando.

Vivir en el pasado o en el futuro es algo irreal. El pasado, ya pasó, no nos puede afectar, sin embargo mi organismo se ve permanentemente afectado por revivirlo. El futuro también es irreal pero vivo en permanente estrés por lo que sucederá.

Vivir en el ayer genera depresión, vivir en el mañana genera miedos.

Me pregunto y les pregunto a ustedes: ¿Cuántas horas perdemos de nuestra vida reviviendo acontecimientos pasados? Seguramente todos nos hemos cuestionado ¿Por qué no hablé entonces? ¿Por qué no protesté? ¿Por qué acepté cosas que no debía aceptar? Y ¿por qué huí? ¿Era justificado mi miedo a esta u otra situación? ¿Pudieron ser diferentes mis reacciones o mis sentimientos? ¿Interpreté las cosas como eran? ¿por qué desaproveche tantas oportunidades? Bueno, podría servir para evaluar lo que sucedió y no repetir los mismos errores, pero lo más grave es perder el tiempo en pensar ¿y si hubiera actuado diferente, que hubiera sucedido? Pero debes reconocer que no actuamos diferente y en consecuencia, todos los pensamientos siguientes no tienen sustento y son algo así como masturbaciones mentales.

## ¡NO PODEMOS CAMBIAR NI UNA PIZCA DEL PASADO!

Vivimos en un lugar imaginario formado por nuestros pensamientos pero nunca en el aquí y el ahora. Los Gnósticos tienen una técnica a la que denominan SOL, sujeto, objeto y lugar. Esta técnica tiene por objeto estar en el aquí y el ahora, preguntándonos a cada momento ¿quién soy? ¿Qué estoy haciendo aquí? Y ¿en qué lugar estoy?, como ven tiene que ver con una auto-observación permanente.

Uno tras otro nuestros pensamientos se persiguen, se entremezclan, pensamientos obsesivos, repetitivos, neuróticos. Un mundo de imágenes que solo existen en nuestra cabeza, que no podemos controlar y que, por momentos, nos llevan a la locura. Algunos son imágenes del pasado, una infinidad de sucesos, momentos que ya no existen, pero que ahí persisten, imágenes que nos llevan a inventar un futuro que tampoco existe, pero que constantemente estamos inventando y que nos provocan angustia o deseo o nos llenan de esperanza o nos aterran

Solo de esa manera nos daremos cuenta que nuestros pensamientos que tanto veneramos, nos impiden saborear el momento y vivirlo con toda intensidad, siempre preocupados por lo que fue o pudo ser, por lo que pude cambiar, por rencores y remordimientos o por lo que podría ser.

Lo importante es vivir cada segundo en el ahora, saborear lo que comes y bebes en el mismo momento en que los llevas a la boca y no en la imaginación, caminar, trabajar, amar, en el aquí y en el ahora, pues, en última instancia, es lo único que tienes.

En el momento que dejo de pensar en lo que puede pasar, empiezo a disfrutar lo que está pasando.

Alguien recomendaba, repítete hoy tantas veces como puedas: "Mis pensamientos son solo pensamientos, no son lo que yo soy, no son mi realidad".

- **Relación con el medio ambiente y el universo.**

El medio ambiente en el que nos movemos es una fuente de enseñanza permanente. ¿Quién no se ha sentido extasiado con un amanecer o con una puesta de sol? ¿Quién no se ha emocionado al ver la grandeza del mar o de un bosque tropical? ¿Quién no se ha maravillado al ver una noche estrellada o al ver pasar un cometa o al observar una lluvia de estrellas? ¿Quién no se ha sentido feliz y extasiado al ver una luna llena? Y así podríamos poner muchos ejemplos.

Pero, aunque muchos de estos eventos se presentan todos los días, casi nadie tiene tiempo de voltear a verlos. Quienes vivimos en una ciudad siempre estamos viendo hacia abajo para no caer en un hoyo o para no ser atropellados. Los edificios y construcciones nos impiden observar la salida o la puesta del sol.

El requisito para que a uno lo impacten emocionalmente es ver todo esto como si fuera la primera vez. Cuando lo comparas con otro u otros que ya has vivido, simplemente la magia desaparece.

Si estás analizando el acontecimiento sobre la base de lo que has aprendido al respecto, pues con mayor razón la sensación se minimiza, solo comparas el evento con recuerdos de tu archivo interno.

Esto es como sentirse feliz, mientras no pienses en cómo te sientes no desaparecerá esa sensación.

Tal vez esto es como los críticos de cine que ven todo lo técnico alrededor de la filmación de una película, lo cual les impide percibirla como si fuera la primera vez.

Yo te pido que recuerdes todas tus "primeras veces" en lo que sea que desees. ¿Por qué las segundas o terceras o quintas veces no son tan excitantes?, pues porque siempre estamos comparando contra lo que fue esa primera vez.

Busquemos extasiarnos nuevamente con lo que nos da nuestro planeta y nuestro universo, agradezcamos a Dios por esas maravillas y eso nos pondrá en contacto con nuestro Ser interno, haciéndonos más concientes.

Una flor, un ave, un árbol, un amanecer, un atardecer, un eclipse, el nacimiento de un bebé, la muerte de un ser querido, todo nos puede poner en contacto con la divinidad si los percibimos a través de su esencia.

La visión de la conciencia profunda, algunos le llaman segunda atención, es comprender que la divinidad se encuentra inmersa en todo lo que existe, en todo lo que nos rodea e, incluso, en nosotros mismos. Cuando logramos ver de esa manera, el medio ambiente, los seres que habitan éste planeta y el universo todo, se convierten en parte de mí y yo en parte de ellos.

Aquí habría que analizar la dualidad hombre-naturaleza. Supuestamente el humano vivía integrado a la naturaleza –a eso le llamamos paraíso-, estábamos integrados a todo lo creado; sin embargo Dios nos castigó por haber cometido el pecado original*.

**\*Ver Superar la polaridad en las siguientes páginas**

Cuando en la Biblia en forma simbólica se nos dice que el hombre fue expulsado del paraíso, se refiere a esa separación. Al comer el fruto del árbol del bien y del mal, entendimos que la naturaleza toda (el ello) está separada del ser humano (el yo) y por lo tanto todo lo que conforma la naturaleza: las galaxias, los soles y planetas, la vegetación, la fauna, los átomos y la tierra misma, están separadas de nosotros y por lo tanto es pecaminosa, nos agrede y nosotros podemos conquistarla para nuestro bienestar.

Sin embargo, todo aquello de lo que estamos formados es la naturaleza. Nuestras células forman parte de esa naturaleza, las integramos de todo aquello que comemos y bebemos, que proviene de la naturaleza y al morir, nuestros átomos se integran nuevamente a ella.

Cuando algunos escritores nos hablaron de la búsqueda del paraíso perdido, se referían a ese deseo interno de volver a integrarnos al todo, lo cual es un concepto equivocado, pues, de hecho, estamos integrados, no hay forma de evitarlo. Nosotros somos también la naturaleza.

- **Evaluación de experiencias personales (aprender).**

La vida es aprendizaje. He aprendido que, sin duda alguna, siempre seguiré aprendiendo.

El aprendizaje no es solo la capacidad o la habilidad para adquirir conocimientos, como conducir, pasar exámenes, jugar algún deporte o capacitarte para realizar algún trabajo, sino que tiene que ver con sacar provecho de nuestras experiencias

Gracias a nuestro aprendizaje podemos modificar nuestro comportamiento, cambiar nuestras creencias y nuestras actitudes o enfrentar nuestros miedos. No implica cambiar al mundo, sino la visión que tenemos de él.

Desde el punto de vista esotérico, la finalidad de la vida es aprender. Pero ¿aprender qué?

Primero, debemos aprender a liberarnos de nuestras viejas fijaciones. Es importante conocer la verdad que hay atrás de todo lo visible. La verdad es una y es independiente del tiempo, de las culturas, de las religiones y de las ideologías. Tampoco tiene que ver con la fe o con el yo creo. Concretamente significa abrir los ojos a la dualidad que existe en todo lo que hacemos, pues hasta que conocemos los dos lados de la moneda (la unidad) entendemos la verdad y entonces, al reconocer que los dos lados son lo mismo, escoger el camino medio.

Segundo, no se refiere a la acumulación de conocimientos, pues eso únicamente nos convertiría en eruditos. ¡No, definitivamente no! Se refiere a que cada descubrimiento, cada conocimiento que obtengamos, no importa lo insignificante que pudiera ser, debemos integrarlo a nuestra vida. Cada experiencia nos debe cambiar y debe hacernos distintos. ¿Cómo?, pues a través de un proceso de concientización.

Si yo aprendo todo lo que puedo sobre arte o sobre física o sobre cualquier otra ciencia, ello no significa ningún cambio ni ningún compromiso para mí. Puedo haber obtenido el premio Nobel o haber escrito libros y dar conferencias por el mundo y seguir siendo el mismo de siempre, egoísta, mal humorado, grosero, envidioso, orgulloso, celoso, etc.

El aprendizaje al que hacemos referencia tiene efectos sobre todo mi ser, me obliga a tomar una actitud diferente ante todo lo que me sucede y esa me lleva a la sabiduría.

El conocimiento por sí sólo no tiene valor alguno, se obtiene y se olvida cuando termina nuestra vida o antes, si es que sufrimos alguna enfermedad senil. La sabiduría eleva nuestro nivel de ser y la llevamos como parte de nuestro desarrollo evolutivo.

El conocimiento es transmisible, esto es, lo que yo aprendí se lo puedo enseñar a mis hijos o a otras personas, pero la sabiduría solo es de quién la obtuvo.

Es importante entender el proceso de nuestro propio pensar. Podemos adquirir conocimiento propio a través de otras personas a algún libro, de la religión, psicología o del psicoanálisis. Pero la sabiduría, no la podemos adquirir a través de nadie, tenemos que descubrirlo nosotros mismos a través de la aplicación de esos conocimientos y de la auto-observación, porque es nuestra vida; y nadie puede entrar en mi ser interno.

Sin agarrar al toro por los cuernos y profundizar en ese conocimiento del yo, hagamos lo que hagamos, cambiemos cualquier circunstancia o influencia externa o interna, siempre estaremos perdiendo el tiempo y continuaremos viviendo en el mundo del dolor y el sufrimiento. Un maestro decía que para ir más allá del puro conocimiento con el cual vamos rellenando nuestra mente, uno debe comprenderlas y vivirlas.

Para ello es necesario darse cuenta de cómo actuamos en nuestras relaciones, la relación hacia las cosas, las personas y las ideas, pues esas relaciones son espejos en los que comenzamos a vernos a nosotros mismos, sin ninguna justificación o condena. Desde ese conocimiento del comportamiento de nuestra mente se puede proseguir; entonces la mente puede estar tranquila, recibir aquello que es real.

Dicen que el ser humano es el único ser que se tropieza dos veces con la misma piedra y, esto es así, por que pocos entienden el proceso de aprendizaje que es la existencia.

Todo lo que nos sucede nos deja una enseñanza, más no todos aprendemos de esas enseñanzas. Sin duda, la vida es una escuela, donde debemos aprender una serie de materias e integrarlas a nuestra forma de ser.

De la misma manera que en la escuela existe un plan de estudios, cada ser humano viene a este mundo con un plan de estudios bien definido, al cual le llamamos horóscopo. Debemos aclarar que ese plan no fue formulado por un Dios permanentemente pendiente de nosotros, sino que es formulado por nuestro ser interno que prevé las necesidades de nuestra formación en base a nuestras capacidades y nuestro aprendizaje anterior.

El horóscopo es nuestro deber y tiene que ser cumplido. Dijéramos que al nacer, a cada uno se nos entrega una caja de pinturas y un lienzo en blanco, con la obligación de pintar un cuadro. Probablemente alguno de nosotros lo pintaría en horas y otros lo pintarían en días o en años.

Alguno pintaría una obra hermosísima y otros solo harían garabatos. Así es la vida.

Esto es similar a la posibilidad de tener diabetes, nos dicen los médicos que es posible que esté inscrito en el ADN, pues nuestro padre, nuestra madre, los abuelos y otros familiares padecieron esa enfermedad. Sin duda, existe una gran probabilidad de que la adquiramos, pero esto no significa que forzosamente la sufriremos. Los médicos dicen que a pesar de las posibilidades, si nos cuidamos y no subimos de peso, hacemos ejercicio, comemos pocos azucares y nos estamos controlando permanentemente, esa probabilidad se reduce al mínimo. Como ven, hay un determinismo que se modifica con la conciencia de la enfermedad.

Decían los antiguos que hay dos formas de aprender: la primera es a través de ser conciente de los acontecimientos e integrar a mi ser los aprendizajes que esas experiencias me dejaron. La segunda es aprender a través del sufrimiento.

La vida es un proceso de aprendizaje a través de solucionar problemas que nos generamos nosotros mismos por nuestra ignorancia y egoísmo. Pero nosotros culpamos a mil cosas de esos problemas y a ello le denominamos mala suerte o circunstancias adversas o, incluso, piedritas que Dios nos puso en el camino.

En realidad, tenemos un destino que es aquello que siempre nos está enfrentando a lo que debemos aprender.

Supongamos que por el nivel de ser que he adquirido en vidas pasadas, mi presencia interna considera que me debo enfrentar a la resistencia. Es muy probable que al venir a este mundo me enfrente constantemente a ese principio en aspectos como las relaciones, al no poder lograr lo que deseo o incluso tener accidentes. Siempre me enfrento a muros que no puedo pasar. Si no lo intuyo o lo reconozco a través del horóscopo con el que nací, permanentemente me voy a dar de topes de manera inconsciente y voy a enfrentar resistencias en todos los aspectos de mi vida. Pero si afronto las exigencias del destino de manera consciente, aprendo el principio. ¿Cómo?, pues podría ser estudiando karate o en algún deporte donde me enfrente a la resistencia, como podría ser alguno de raqueta.

En lo relativo a las relaciones o en cuanto a lo que deseo lograr, tal vez solo se requiera que baje los brazos, aceptando las cosas como son, en lugar de seguir luchando contra los muros que no me permiten avanzar.

Desde nuestro nacimiento cada ser trae consigo un alma y el alma es lo que une al cuerpo físico con el espíritu. Sin alma, no sería posible experimentar la vida, pues a través de ella, entendemos cada experiencia que vivimos.

En el alma reside el karma y también lo que conocemos como ego, podríamos decir entonces que el alma es un software que tiene el único propósito de que nuestro aprendizaje nos lleve por el proceso evolutivo.

El alma nos conecta con nuestros deseos y con nuestras alegrías, así como con nuestros dolores, miedos y defectos.

En ella se encuentra el deseo de repetir las experiencias placenteras, así como todo lo que proviene del pasado, incluyendo las experiencias de dolor y temores no resueltos. Durante nuestra existencia generamos infinidad de heridas y experiencias dolorosas, todas ellas del pasado y que se conservan en nuestra psique, creando una interferencia con el espíritu, haciendo que la voz del Ser no pueda escucharse.

Una de las heridas más fuertes es la del abandono, que de una u otra forma y con diferentes intensidades, todos vivimos al separarnos de nuestros padres. Y no solo me refiero a la separación física por muerte de alguno de ellos o por otras situaciones, sino también a la parte en que empezamos a ser seres individuales en nuestra evolución de niños a adultos. Esa herida está presente en todos nosotros y se mantiene por toda nuestra existencia, generándonos un vacío existencial al que permanentemente tratamos de llenar de infinidad de formas, ya sea con nuestras parejas emocionales o con la obtención de cosas.

Los humanos nos quedamos repitiendo solo las experiencias "seguras", que incluyen todo lo que en algún momento nos hizo sentir bien y disfrutamos, alejándonos de lo que nos hizo daño.

En ocasiones nos quedamos bloqueados por el miedo, paralizados, y muchas veces, los años de vida no son suficientes para desarrollar nuestra misión, morimos sin haber hecho lo que teníamos que hacer y tenemos que repetir un ciclo más en alguna otra encarnación con el mismo aprendizaje.

En los últimos siglos inventamos la psicología y la psiquiatría con el objeto de liberarnos de esas heridas que hemos integrado en un cuerpo de dolor y que suponemos que pueden curarse por la palabra

Es cierto, la palabra ayuda, pero no es suficiente, es tanto como cuando tenemos un absceso y nos conformamos con exprimirlo y sacar el pus, por supuesto nos alivia por un tiempo, pero si deseamos curarnos definitivamente, debemos ir hasta el fondo, incluso hasta el hueso y limpiar, porque, si no, después vuelve a salir.

La terapia psicológica solo te regresa al mundo de todos los días, al mundo falso de tu cultura, de tu educación, de tus padres, de tu religión, pero no llega al fondo, solo la conciencia te permite encontrar el significado profundo de los eventos y sobre todo el sentido que para ti tienen.

El espíritu es la esencia del Ser, surge de la Fuente creadora, es lo que conocemos como "chispa divina". El espíritu es eterno y evoluciona a través del alma, pues el alma es un vehículo que permite experimentar la vida en los planos materiales y a través de sus experiencias, es que el espíritu evoluciona.

Pero debemos recordar que el ser humano aprende de sí mismo, todo el saber está dentro de nosotros, el caso es encontrarlo. Cuando requerimos de otros para que nos muestren el camino, estamos actuando desde nuestro ego.

Por eso se dice que la intuición es el grado de conocimiento más grande del ser humano.

- **Equilibrio de Cuerpo, corazón, mente y espíritu.
  Así como de los dos lados del cerebro.**

La consciencia nos invita a equilibrar nuestra fuerza vital sagrada y mantener el equilibrio en nuestras vidas sin irnos a los extremos. No es blanco ni negro, es gris, no es bueno ni malo, es lo que debe ser. Es la unidad que trae ese equilibrio y ésta está enraizada en todo lo que somos. Por supuesto que somos libres de escoger, libres de responder de una u otra forma o, incluso, no responder, libres para dar o recibir, así como para responde a través del amor o de su contrario "el temor", hasta que logra ver todo lo que existe en el cielo y la tierra como un equilibrio, una unión simbólica. Ver en éste mismo capítulo lo escrito sobre polaridad.

Pero ¿Cómo puedo equilibrar mi vida? ¿Cómo puedo organizar situaciones en mi vida con igualdad?

En oriente se habla de Kundalini - la serpiente- que se identifica con la energía que sube a través de nuestra columna vertebral y de los siete chakras que se encuentran en nuestro organismo. Al subir desde la parte más apegada a lo material hasta la parte más espiritual, utiliza dos conductos o nadis: Ida y Pingala, los dos polos, el positivo y el negativo. Al elevarse Kundalini integramos la unidad. Dicen que la serpiente nos ayuda a cambiar todas las situaciones, viendo no solo un lado, sino un todo.

Ida Nadi es el lado izquierdo, el canal de la luna. Da el poder de las emociones en su estado puro, proporcionando las cualidades de gozo profundo, amor puro, compasión y habilidades artísticas. Este lado es el más femenino de hombres y mujeres. Los problemas típicos del lado izquierdo son el apego emocional, la depresión, la baja autoestima, el sentimiento de culpa o el letargo.

El Pingala Nadi es el lado derecho, el canal del sol. Daría poder a la mente racional, que permite aprender y obtener la fuerza necesaria para superar los problemas mediante el esfuerzo. Es el lado más masculino de los hombres y mujeres. Los problemas típicos del lado derecho son el comportamiento egoísta o violento, la arrogancia y el orgullo.

Existe un tercer canal, el shushumna nadi, el canal central, es el equilibrio de los otros dos canales. De esta manera se obtiene un enfriamiento del canal del sol y un calentamiento del canal lunar, consiguiendo así un estado de equilibrio en el que la atención deja de pasar de un canal al otro, de la tristeza a la euforia, de la hiperactividad al letargo, y permanece siempre en el centro. El simbolismo del caduceo de mercurio muestra esta trilogía.

La vida siempre nos coloca en situaciones en las que tenemos que ver o experimentar los dos lados de la moneda, aunque no siempre estamos concientes de ello. El problema es que son situaciones que se presentan en el tiempo. Cada vez que nos fijamos en un criterio en una idea o en una ideología y los defendemos hasta con la vida, debemos recordar que, tarde que temprano, viviremos también el otro lado a fin de encontrar el justo medio.

En cuanto a los chakras, los tres primero tienen que ver con la supervivencia, la sexualidad y las emociones. Los tres últimos tienen que ver con la comunicación, la creatividad, la intuición y la conciencia elevada.

Existe uno intermedio que es el que se conoce como chakra del corazón que une lo relativo al cuerpo con lo relativo a la mente y el espíritu, que es el amor.

Por lo tanto, permanentemente debo equilibrar y armonizar lo que pienso de mi cuerpo, mi sexualidad y mis emociones, con los instrumentos del amor, la mente y la conciencia.

Últimamente se ha descubierto, que el cerebro humano, incluso, está formado por dos hemisferios, uno derecho y otro izquierdo, el primero maneja la parte izquierda del cuerpo y el segundo la parte derecha, el primero maneja conceptos como las emociones, la intuición, la música, los símbolos, la percepción de las formas y la visión de conjunto y el segundo, la lógica, el lenguaje, el cálculo, el análisis, la inteligencia, el razonamiento.

Se sabe que las mujeres tienen mayor control sobre el hemisferio derecho y que los hombres sobre el hemisferio izquierdo.

Es importante que siempre estemos concientes de que nuestro cerebro nos da esas dos versiones de forma parecida a como formamos una imagen con lo que captamos con el ojo derecho y el ojo izquierdo, lo que nos da la profundidad en nuestra visión.

Actualmente, se recomienda escuchar música de forma conciente con el oído derecho y con el oído izquierdo, lo que hace trabajar e integrar los dos lados del cerebro.

Existe lo que se ha denominado psicotraumatología, que es el estudio y tratamiento de personas que han sufrido traumas importantes como un accidente, haber sido víctimas de un secuestro o haber estado presentes en un asesinato o en un acto terrorista. Una de las técnicas para mejorar la percepción de estas personas, consiste en que mientras el paciente le platica al psicólogo o al psiquiatra su experiencia, éste mueve un dedo de su mano de izquierda a derecha y viceversa, lo que obliga a quien sufrió el trauma a dejar de lado la percepción exclusivamente emocional del evento e integrarla con su percepción lógica y racional, situación que coadyuva a su sanación.

- **Conciencia de mis condicionamientos.**

Cuando nace un niño, los padres captamos su atención de todas las formas posibles para introducir las reglas de nuestro hogar. Durante toda su vida, tratamos de introducir en ese ser todos nuestros conceptos, ideas, ideologías, prejuicios y temores que, a su vez, nos fueron dados por nuestros padres.

Algunos, incluso, tratamos de que ese niño responda a nuestros sueños. Sueños de lo que queremos para él y sueños de lo que hubiéramos querido para nosotros y que, por las circunstancias de la vida, no pudimos realizar.

Toda esa información es introducida en la mente del niño por medio de la repetición, así como a través del sistema más viejo del mundo: los premios y castigos. Entonces aprende cómo comportarse, en que creer, lo que es bueno y malo o lo que es feo o bello y, sobre todo, lo que es correcto e incorrecto.

Como si fuera una conspiración, los abuelos, los tíos, los hermanos, los profesores, los sacerdotes (si los padres tienen alguna religión), los psicólogos y los medios de comunicación, todos nos condicionan de acuerdo a sus muy particulares criterios.

He leído que muchos niños de no más de tres años, tienen capacidades que podrían calificarse como propias de un genio. Sin embargo, al crecer, después de someterlos a los procesos educativos familiares y escolares, se convierten en uno más del montón.

Al final todos perdemos nuestras tendencias naturales y nos hacemos malas copias de alguien más.

No hay nada más importante en esos procesos que acatar las reglas. Si las acatas te premian y eso significa que te aman (¿o no?) y si no las cumples, te castigan, lo que también significa que te aman (¿o no?).

Pongo en duda que te aman, pues los comportamientos educativos demuestran, no el amor al niño, sino el amor a nuestros propios condicionamientos.

Es tan grave, que la mayor parte de los seres humanos no somos concientes de ello. Al final, esto es, ya que somos adultos, estamos tan convencidos de lo que nos fue insertado en nuestra mente, que nos convertimos en nuestros propios domadores.

Si faltamos a lo que nos enseñaron, nosotros mismos nos castigamos. Establecemos la figura del juez interior.

Pero son pocos los que cuestionan o ponen en duda si esos condicionamientos eran los adecuados para nuestra forma de ser y para el tiempo que nos tocó vivir.

Y es que hay normas impuestas por nuestros padres que ya son obsoletas, pero que seguimos cumpliendo rigurosamente. Conozco personas que siguen vistiéndose de gala para salir un domingo o que solo toman agua hasta haber terminado sus alimentos, pues así se los enseñaron. Los alimentos que ingieren son los mismos que comían sus abuelos, los odios familiares, la forma de rezar, el lugar donde el padre o la madre deben sentarse a la mesa, la profesión, los dichos e historias familiares, todo está pre-establecido. Incluye la forma de ver la vida, los temores, las actitudes.

Con toda esa costra de elementos impuestos, ¡qué difícil es saber quiénes somos realmente!

En ellos basamos "nuestra verdad" y "nuestros juicios", aun cuando vayan en contra de nuestra naturaleza y, de ahí, surgen nuestros valores y nuestra sombra (todo aquello en contra de lo que estoy en pie de guerra).

Cuando ese niño, del que hemos venido hablando, se convierte en padre, domestica a sus hijos bajo las mismas premisas: "Yo tengo razón" por lo que te persuado, por las buenas o te reprimo, por las malas.

Hay quién ha llegado a calcular que el 95% de nuestras creencias son falsas, son mentiras y generadoras de violencia y sufrimiento. Las guerras, la intolerancia, las luchas contra las drogas o el alcohol, son parte de esas creencias. Son una pesadilla.

A la larga, solo crean miedos reales o imaginarios, sufrimiento, venganza e injusticias.

Confiamos en lo que creemos y, sin previo análisis, establecemos que los demás están equivocados y no queremos ver la realidad, estamos ciegos, es como una bruma que no nos deja ver, pero ¡Qué caray!, es preferible tener razón a ser felices.

Todos esos condicionamientos son el origen de la gran cantidad de voces que tenemos dentro de nosotros y que no nos dejan en paz.

Durante nuestra niñez y juventud formamos imágenes mentales de la perfección, con el fin de tratar de ser lo suficientemente buenos. Pero casi nunca encajamos en esas imágenes (que corresponden a las exigencias de los demás), nunca somos perfectos y, en el fondo, nunca nos perdonamos por no serlo.

Claro, que la imagen que queremos dar a los que nos rodean, es que sí hemos logrado la perfección y para que no se den cuenta, nos ponemos las famosas máscaras.

Hay toda una terapia psicológica sobre la imperfección, que tiene por objeto logar ser auténticos y entender como esas imágenes nos dañan.

Todos los condicionamientos materialmente se llevan nuestra energía, nos agotan y nos impiden disfrutar la vida.

Es importante, analizar de donde vienen todos los condicionamientos que traemos cargando, pero para ello, primero debemos conocernos. Ayuda la meditación y preguntarnos ¿Cuáles son mis máscaras y que quiero esconder con ellas? ¿Cuáles son mis dramas emocionales? ¿Por qué hago lo que hago y pienso lo que pienso? ¿a cuál de mis padres o educadores respondo dentro de mí? ¿la voz de cuál de ellos, siempre esta dentro de mí, diciéndome lo que es correcto y lo que no lo es?

Solo así podremos ser libres y dejaremos de hacer cosas y comportarnos para complacer a otros, algunos de los cuales, ya ni siquiera están en este planeta.

- ## LIBERARSE DEL EGO A TRAVÉS DEL SILENCIO INTERNO.

> *Como dos aves doradas posadas en el mismo árbol, el ego y el yo, íntimos amigos, viven en el mismo cuerpo. El primero come los frutos dulces y amargos del árbol de la vida, mientras que el segundo observa con indiferencia.*
> *Upanishad Mundaka.*

El ego es la idea que cada uno de nosotros tiene de sí mismo. Es decir que el ego no constituye más que una ilusión, pero una ilusión que ejerce gran influencia. En esencia, el ego, es una especie de conjunto de máscaras y supone una forma distorsionada de enfrentarse a la existencia. No olvidar que en griego la palabra "persona" significa mascara.

Desde que empezamos a crecer entendemos que con nuestra madre debemos presentarnos de una forma y con nuestro padre de otra, según lo que cada uno de ellos espera de nosotros. Más adelante, con los amigos, los maestros y con el sexo opuesto, cada uno encuentra como debe comportarse para agradar. Después con los jefes y con la esposa o el esposo, utilizamos caretas diferentes según las circunstancias y las personas con las que estemos.

El problemas está en que esas mascaras empiezan a ser literalmente parte de nosotros y llegamos a tal grado que incluso nos creemos nuestras propias mentiras.

El ego intenta presentarse ante los demás como nos gustaría ser, en lugar de como es en realidad y se basa en el temor que todos tenemos de no ser aceptados como somos.

Como se alimenta de la aprobación, gasta una gran cantidad de energía vital tratando de controlar situaciones y personas.

De hecho, el ego trata de controlar a otros y controla nuestra vida, eso nos impide conocer a nuestro verdadero yo contenido en nuestra esencia espiritual.

Nadie ha visto al ego pues como dijimos solo es una idea, pero si fuera teatro sería algo así como el papel que estamos desempeñando.

La inmensa mayoría de las personas no deseamos que los demás vean lo que somos y por eso tratamos de proyectar una imagen.

El hombre que vive en la sociedad vive de las apariencias y de cómo lograr una mejor impresión. La sociedad es un gran teatro en el que todos tenemos diversos papeles y en cada uno de ellos se nos colocan etiquetas. Todos cumplimos nuestro papel de conformidad con las normas sociales y de acuerdo con todo lo que hemos adquirido para competir por la mejor imagen.

Alguna vez leí que dos personas han estado viviendo en mi durante toda mi existencia. Una es el ego: charlatán, exigente, histérico, calculador; la otra es el ser espiritual oculto, cuya queda y sabia voz has oído y atendido sólo en raras ocasiones.

¿Crees que careces de ego? Simplemente observa dentro de ti lo siguiente:

¿Cuándo hablas con cualquier persona buscas que te reconozcan como alguien valioso o inteligente o simpático o poderoso?

¿En ocasiones te sientes ofendido por cualquier cosa y siempre que alguien te ofende, estas al ataque? Parece ser que las mayores ofensas se te hacen con palabras, las cuales no son sino símbolos que tu interpretas.

¿Siempre quieres ganar, sin reconocer que no siempre tienes la razón y que tú no eres tus victorias? Quieres ser feliz o tener la razón, decía un filósofo.

¿Muchas veces te sientes superior a otros, ya sea por el color de tu piel, tu posición económica, tu nacionalidad o tus logros?

¿Tu vida y la de los demás las calificas por cuanto tienen o por su poder o por su fama?

¿Tu éxito y logros parecen ser parte de ti?

¿Te identificas con tu historia personal?

¿Verdaderamente crees que a todo a lo que le antepones las palabras "mis o míos", es tuyo?

¿Dentro de tu cabeza tienes un dialogo permanente entre el angelito y el diablito?

Si contestas afirmativamente una o varias de éstas preguntas, por supuesto que tienes ego.

Cuando estamos inmersos en el ego, nos centramos en nosotros mismos y comenzamos a creer que todo el mundo gira a nuestro alrededor. Creemos que somos el centro del universo y que todo el mundo nos debe prestar atención.

El ego es la suma total de la personalidad del individuo.

Lo que nos ata no es otra cosa que nuestro ego. Es el ego que percibe y nos fija en el tiempo y el espacio, es el que recuerda y revive- sin control de nuestra parte- los sufrimientos pasados.

Tratamos de agarrar al ego de muchas maneras, en función de nuestro propio temperamento. Creemos que si actuamos "correctamente" de conformidad con las normas establecidas, si somos buenas personas y además devotas en la religión que profesamos, es suficiente. Pero esto no es así.

Las prácticas espirituales y la meditación ayudarán, pero tampoco son suficientes. La meditación nos enseña a separarnos del ego y a visualizarlo de forma objetiva desde nuestra perspectiva y de cómo lo vemos. Cuando logramos esa fuerza interior percibimos el verdadero valor del ego. Y entonces podemos ir más allá.

Las corrientes filosóficas en occidente siempre han buscado la forma de establecer un ego sano- si eso fuera posible-, sin embargo, los orientales siempre han alegado que cualquier forma de ego es causa de sufrimiento.

Pero, ¿no es acaso el deseo de liberarse del ego una manifestación del ego?

Aunque en éste capítulo estamos hablando de la liberación del ego, ello no implica estar en lucha permanente con él, simplemente es importante percibirlo. Porque en el momento que tu percibes a tu ego, este desaparece.

La idea es estar concientes del mundo que nos rodea, contemplar el cielo y la tierra, relajar nuestro cuerpo y nuestra mente, observar nuestra respiración y dejar pasar todos esos pensamientos repetitivos y automáticos que se nos presentan permanentemente.

Imaginemos que estamos en un jardín. Observamos los arboles y las flores que nos rodean, sentimos el pasto en el que estamos parados. Percibimos los olores propios de un jardín, la humedad, el perfume de las flores y demás. Miramos el cielo y las nubes que cruzan por él y escuchamos los sonidos de aves e insectos que nos rodean, toda esta percepción sin esfuerzo alguno de nuestra parte.

Es probable que simultáneamente nos demos cuenta de nuestro cuerpo. Estamos sentados o parados o acostados, oigo mi corazón, escucho mi respiración, siento alguna tensión o presión en alguna parte de dicho cuerpo. Por supuesto, todo esto también lo percibimos sin esfuerzo alguno.

Y en ese momento ¿Qué está pasando por nuestra mente?, ¿estamos comparando éste jardín con otros que hemos visto?, ¿Buscamos en nuestros archivos para determinar que los árboles que estamos viendo son pinos o robles o lo que sea?, ¿surge, de quién sabe dónde, algún miedo por estar solo o porque algún animal me ataque o me pique? O ¿no puedo quitar mi preocupación por dinero para pagar la renta o por el problema que tiene uno de mis hijos? Puede estar apareciendo alguno de esos pensamientos en forma aislada o incluso todos juntos. Símbolos, deseos, conceptos, miedos, esperanzas, recuerdos aparecen en nuestra conciencia de forma espontanea y sin control de nuestra parte.

Pero todas esas sensaciones y pensamientos que emergen, permanecen un rato y desaparecen.

Y es que nosotros no somos nada de eso que percibimos ni siquiera nuestros pensamientos y sentimientos nos pertenecen. En el fondo hay una presencia que contempla todo y entonces nos damos cuenta del verdadero "yo soy".

Esta presencia a la que algunos llaman "testigo" está presente en todo momento de nuestra vida, incluso al dormir y soñar.

Esa conciencia interna no es nada concreto, no es algo que pueda verse o medirse, pero cuando uno logra estar en ella, se presenta una sensación de libertad y de vacío que nos lleva a una gran paz.

Pero ese testigo únicamente es percibido por nosotros cuando tenemos silencio interno, cuando el parloteo de nuestra mente ha cesado, cuando pasado y futuro dejan de ser el centro de nuestros pensamientos.

Percibir esa presencia en todos los actos de nuestra vida nos libera del ego, porque lo de dentro y lo de fuera dejan de ser dos. En ese preciso momento surge el espíritu y la unidad del ser.

Por ello, debemos dejar de estar centrados en nosotros mismos, y estar centrados en el Ser.

Solo cuando las actividades del yo han cesado, solo entonces hay silencio. Ese inmenso vacío.

## • LOGRAR EL DESAPEGO.

El mundo está lleno de sufrimientos y es que la raíz del sufrimiento es el apego; la supresión del sufrimiento es la eliminación del apego.

Gautama Buda enseñaba a sus discípulos a no retener el silencio, la serenidad y la profunda felicidad que se generaba en su interior cuando meditaban, el les recomendaba ofrecer esos tesoros al resto del mundo. No te preocupes –les decía- porque cuanto más das, más posibilidades tendrás de recibir.

El gesto de dar, sin apegarse, tiene una enorme importancia una vez que sabemos que dar no nos va a restar nada, sino todo lo contrario. Pero alguien que nunca ha tenido compasión no conoce el secreto de dar, no conoce el secreto de compartir.

Se cuenta que en una ocasión uno de los discípulos de Buda dijo: Yo ofreceré mi felicidad y mi serenidad a otros, con una excepción, no se las daré a mi vecino, porque es un hombre realmente perverso.

Buda le dijo: Efectivamente, los vecinos son siempre nuestros enemigos, entonces olvídate de ofrecer tus tesoros al mundo y solamente entrégalos a tu vecino. El hombre aquel no entendía nada: pero ¿Qué estás diciendo? Buda respondió: "Solamente si eres capaz de dárselo a tu vecino serás libre de esta actitud antagonista hacia el ser humano".

Qué difícil es soltar. Durante nuestra vida nos pasamos coleccionando cosas, animales, personas y todo lo que podemos. Incluso nos apropiamos de ideas, pensamientos y sentimientos. Por lo que deshacernos de ellos implica sufrimiento.

Según Buda el apego alimenta el anhelo (deseo) con su energía y juntos se convierten en la causa principal del sufrimiento. Se apoyan siempre el uno en el otro.

Más deseamos, más nos apegamos, por lo tanto el apego refuerza el deseo y viceversa, pues son interdependientes

El apego es un estado emocional compulsivo que te vincula a una cosa o persona determinada, que se genera por la creencia de que sin esa cosa o persona, no es posible ser feliz.

En la actualidad, hemos creado nuevos apegos, como por ejemplo: al celular. Alguien me envió un correo que decía: ¿Qué te voy a extrañar?, ¡pues ni que fueras mi celular!

Conozco señoras que tienen un gran apego a su belleza, a los productos como cremas, lociones, aparatos y demás que les garantizan que seguirán siendo hermosas indefinidamente; eso incluye las dietas, el ejercicio y toda la industria creada al respecto.

Hay personas apegadas a su televisión o a su compu, al internet, al facebook o al twiter. Habrá quién este apegado a su agenda o a sus fotos o a sus libros.

Habrá quién este apegado a su agenda o a sus fotos o a sus libros.

Hay personas apegadas a las compras, a tal grado que se convierte en un vicio. Hay otros que están apegados a su ropa, a su coche, a su casa, a su perro, etc.

Tenemos a los apegados al sexo, ¡que trabajo cuesta dejarlo! Al llegar a la vejez se hace hasta lo imposible por mantenerlo.

Por último están los codependientes, apegados a una persona sin la que no podrían subsistir, según ellos.

Soltar, dejar ir, es básico en nuestro desarrollo espiritual. Soltar ese apego que tenemos a las personas, a las cosas materiales y a las experiencias.

En todas las religiones se señala como condición para elevarse espiritualmente el desapego. El apego nos hace dependientes de los objetos y de las personas, provocando tensiones, estrés, miedo, dolor y sufrimiento. Ya con anterioridad citamos el hecho de que Jesús y Buda, así como otros seres evolucionados, imponían como condición a sus discípulos, que si deseaban seguirlos, antes debían deshacerse de todas sus propiedades, incluyendo cosas personales. Esto significaba que debían renunciar a los bienes propiamente dichos, así como a los deseos de poseer, porque éstos siempre se convierten en una carga difícil de llevar.

Si alguno de ustedes ha leído "Canción de Navidad" de Charles Dickens, recordarán la imagen de Jacobo Marley, socio de Scrooge, cuyo fantasma se le aparece con cadenas y candados sobre su cuerpo, que son la representación de la carga de tantos años de ambición y trabajo enfocado exclusivamente a tener dinero.

Alguien decía que todos debemos de tratar de viajar ligeros de equipaje.

Platican que en un viaje por mar, cierto antiguo filósofo, llamado Aristipo, naufragó con la nave en que iba y en ese naufragio perdió cuantos bienes tenía. Mas pudo llegar salvo a tierra. El rey de aquella comarca le dio su pésame, manifestándole que debía ser muy duro haber perdido todo. Dicen que su respuesta fue: "no hay problema, lo verdaderamente valioso lo llevo puesto"; los habitantes del país al que arribó, entre los cuales gozaba de gran fama por su ciencia, le proveyeron de tantos bienes como había perdido, por lo cual escribió luego a sus amigos y compatriotas encomendándoles, con su ejemplo, que sólo atendiesen a proveerse de aquellos bienes que ni aun con los naufragios se pueden perder. Al mismo Aristipo, hallándose un día en una embarcación, le dijeron que los atacarían unos corsarios. Aristipo sacó todo el dinero que tenia, lo contó y lo arrojó al mar. "Vale mas, dijo, perder el dinero, que morir por causa del dinero".

Algún otro filósofo escribía: "Procuremos, ante todo, adquirir los bienes que ni aun con la muerte se pierden. Día de perdición se llama el día de la muerte, porque en él hemos de perder los honores, riquezas y placeres, todos los bienes terrenales".

Ambrosio, santo católico, decía que no podemos llamar nuestros a los bienes, puesto que no podemos llevarlos con nosotros a la otra vida, y que sólo las virtudes nos acompañan a la eternidad.

De qué sirve, dice Jesús, ganar todo el mundo, si en la hora de la muerte, perdiendo el alma, se pierde todo

Francisco Javier, otro santo, dijo un día a un amigo: "Piensa que el mundo es traidor, que promete y no cumple, mas aunque cumpliere lo que promete, jamás podrá satisfacer tu corazón. Y aun suponiendo que le satisficiere, ¿cuánto durará esa ventura? ¿Podrá durar más que tu vida? Y al fin de ella, ¿llevarás tu dicha a la eternidad? ¿Hay algún poderoso que haya llevado a la otra vida ni una moneda ni un criado para su servicio? ¿Hay algún rey que tenga allí un pedazo de púrpura para engalanarse"

Existe la creencia entre mucha gente que al enfocarnos excesivamente en joyas u objetos de nuestra propiedad, éstos se energizan con nuestra fuerza vital. Por eso se dice que existen fantasmas pegados a casas o construcciones, porque era tal su apego que aún después de muertos no pueden despegarse.

Los chamanes mayas y aztecas hablaban de fijar la atención en cualquier objeto y de esa forma influir en otros.

Otro aspecto del apego es estar siempre preocupados por los resultados, lo sano es que renunciamos a la preocupación por el resultado. Es grande el poder que se deriva de esto. Tan pronto como renunciamos al interés por el resultado, combinando al mismo tiempo la intención concentrada y el desapego, conseguimos lo que deseamos.

Podemos conseguir cualquier cosa que deseemos a través del desapego, porque éste se basa en la confianza incuestionable en el poder del verdadero yo. El apego, en cambio, se basa en el temor y en la inseguridad – y la necesidad de sentir seguridad emana del desconocimiento del verdadero yo.

El desapego es una lección difícil de aprender y consiste en liberarnos de un resultado específico, de no aferrarnos a una visión limitada, ni pretender que las situaciones se acomoden a nuestros deseos.

Cuando optamos por el desapego podemos ser libres, disfrutar de nuestra pareja, amigos o cosas que nos mantienen atados porque las poseemos. No hay que mostrar desinterés o ser frío o dar señales de desamor, sino ser decididos y no tener miedo a esa pérdida que nos mantiene apegados. Porque, al fin y al cabo, nadie es nuestro.

El desapego es no depender de lo que tenemos o de una persona con la que tengamos vínculos afectivos, es lograr ser autónomos aunque no consigamos cosas o una persona en especial, y un exceso de apego sería vivir esclavizado, vivir con miedo. Debemos recordar que nosotros somos nuestra propia fuente de afecto, apoyo, comprensión, placer, inspiración, conocimiento, reconocimiento y amor.

El desapego nos ayuda a evolucionar, y no es fácil, depende de lo que cueste desatarse y cortar los lazos que te impiden crecer. La clave es ilusionarte y luego aceptar la situación y vivirla con desapego, y así conseguimos lo que deseamos porque desarrollamos la confianza en nuestro propio poder para conseguir lo que deseamos.

Cuando soltamos el apego, el deseo de tener y poseer se queda solo y sin poder, sin un apoyo que mantenga su energía. Como resultado de ello, observamos que es el ego el que está detrás de ese deseo y surge la consciencia, se produce lo que el budismo llama "la extinción del deseo".

Si deseo un automóvil, ese deseo me llevará a pensar que es una excelente idea comprar (poseer) ese coche, simultáneamente me voy identificando con ambas cosas (idea y deseo).

Mi deseo aumenta a medida que crece mi apego por tenerlo.

A la larga, encuentro cualquier forma de compararlo y por fin lo poseo. En ese momento lo considero parte de mí, bueno pues ¡que carambas!, ¿acaso, no es "mi" auto? Cualquier cosa que le suceda es como si me lo hicieran a mí. Si alguien me lo raya o me lo choca es suficiente para que muestre mi enojo e incluso para que tome medidas en contra de quien me lo hizo.

Además en ese momento en que ya lo poseo, surge el temor de perderlo o de que se accidente y, de inmediato, le compro un seguro que me garantice que no perderé mi inversión.

Durante el tiempo que es de mi propiedad, lo lavo, lo procuro, le cambio su aceite. le hago sus afinaciones y le cambio las piezas que se van desgastando, la mayor de las veces, con mayor interés del que muestro a mis seres queridos.

He visto personas llorar por lo que le sucedió a su coche y a otros incluso despedirse de él, cuando lo venden. Hay otros que le ponen nombre y le hablan como si fuera una persona.

Si por el contrario, logro abandonar o soltar mi apego de poseer ese objeto y me separo del deseo y de la idea de poseer ese vehículo, mi mente quedará libre de toda atadura. Mi consciencia experimentará ese espacio ilimitado en el que ni el deseo, ni la idea o pensamiento me perturbarán. En ese espacio de libertad y autonomía podré decidir de verdad, si necesito el coche y el tiempo y esfuerzo que debo dedicarle.

Un sabio preguntaba a sus oyentes en alguna de sus conferencias: ¿quieren saber cuál es el secreto de mi felicidad y de mi paz? Pues muy simple, "No me importa lo que sucederá" "podría perderlo todo y no importa".

## • SUPERAR LA POLARIDAD.

El simbolismo que nos da la Biblia dice que en el jardín del Edén había dos árboles: el de la vida y el del conocimiento del bien y del mal.

Dios, les prohibió a Adán y a Eva comer el fruto del segundo de esos árboles, porque esto los convertiría en mortales; sin embargo, la serpiente convenció a la mujer para que no hiciera caso a esa prohibición, pues al hacerlo se convertirían en Dioses.

Conocemos perfectamente la historia, ambos comieron del fruto prohibido y en ese momento pudieron ver el bien y el mal.

En el capítulo I se nos dice que Dios creó el mundo en siete días, dando existencia al cielo y a la tierra, a la luz y a la oscuridad, a las plantas, a los animales y al hombre. Entonces dijo Dios; hagamos al hombre a nuestra imagen conforme a nuestra semejanza y le dio poder sobre lo creado, y al hombre, varón y varona los creó.

Debemos entender que esa primera creación corresponde al espíritu, por lo que en ese momento el hombre todavía no era material y sí andrógino.

Más adelante, en el segundo capítulo se narra que Yavé o Jehová formó al hombre del polvo de la tierra y sopló en su nariz un halito de vida, convirtiéndolo entonces en un ser viviente.

Tal parece que en ésta segunda etapa, la Biblia se refiere a la creación del hombre con alma. Entonces Dios infundió al hombre un sueño pesado y mientras dormía tomo una de sus costillas y el hueco lo llenó de carne; de esa costilla Dios formó a la mujer y la llevó donde el hombre, el cual exclamó: Ahora sí, éste es hueso de mis huesos y carne de mi carne. Dicen algunos exégetas que la traducción es incorrecta y que en ningún momento se refería a costilla, pero eso no tiene la menor importancia.

Hasta ese momento todavía no existe el hombre material, pues sus dos principales creaciones no eran concientes de su desnudez, ni del mal ni del bien, ni del frío ni del calor.

Esto es, todavía estaban en unidad con el creador.

Es hasta el momento en que comen del fruto del árbol del conocimiento que ambos caen en lo material y perciben el bien y el mal. Por lo tanto, el pecado es la separación de la unidad original.

No hay duda, el conocimiento está ligado a la polaridad. Todo lo que encontramos en el mundo de las formas y de los fenómenos, así como todo aquello que podamos imaginar, siempre se presenta en dos polos. Solo podemos imaginar la realidad de esa manera. Luz y obscuridad, verdad y mentira, arriba y abajo, bien y mal. Incluso, ya lo dijimos en paginas anteriores, está la dualidad hombre-naturaleza. Debo aclarar que lo polar no es el mundo en sí, sino el conocimiento que nuestra conciencia nos proporciona de él.

Desde la época de Kant se estableció que el pensamiento y la razón humanos requieren de, al menos, cuatro características a priori para que sean comprensibles y éstas son: causa, efecto, espacio y tiempo.

Es obvio, si algo nos sucede requiere que exista una causa previa, porque si la causa fuera posterior no lo consideraríamos lógico.

Igualmente, todo fenómeno requiere de un espacio donde se realiza y de un espacio de tiempo, de no ser así, tampoco lo consideraríamos lógico.

No obstante, la mecánica cuántica ya citada nos lleva a situaciones totalmente ilógicas, pues algunas de éstas características no se dan en el mundo sub-atómico.

De igual forma, la unidad también es incomprensible para el hombre; pues sólo pensamos en parejas que se oponen entre sí y que se excluyen. A pesar de que tenemos ejemplos de que necesitamos de las dos partes.

Tal es el caso de los latidos de nuestro corazón- diástole y sístole- los cuales se presentan simultáneamente, pero uno sin el otro no le permitiría al corazón seguir latiendo. La respiración es otro ejemplo, pues requerimos de inspirar y espirar, no hay forma de sobrevivir sin una de las dos partes. En realidad las dos partes conforman el proceso de respirar.

Por supuesto, la vigilia y el sueño se comportan de la misma manera. Y por último, la vida y la muerte, como una pareja inseparable

La electricidad y el magnetismo son otros buenos ejemplos, si no tenemos los dos polos, el positivo y el negativo, simplemente nada funciona.

Ya dijimos que cuando Dios nos creó, según el simbolismo de la Biblia, nos hizo hombre y mujer al mismo tiempo, pero también sin la contribución de los dos sexos, no habría nueva vida.

La noche y el día, son parte de esa oscilación, como lo son las mareas con el flujo y reflujo.

El Ying y el Yang chinos, nos hablan de lo masculino y femenino, del sol y la luna, del conciente y el inconsciente, como partes de un todo.

La salud y la enfermedad se condicionan una a la otra y así hasta el infinito.

La tabla Smaragdina de Hermes antes citada, nos habla de que todo es vibración y ritmo, ese ritmo que va de uno a otro polo y cómo uno nutre al otro. No podrían existir en forma aislada porque desaparecerían. De ahí surge el tiempo.

Esa misma tabla nos habla de la Ley de la polaridad y nos dice que toda meta se alcanza a través de su polo opuesto.

Si un árbol crece varios metros debe tener raíces lo suficientemente grandes para sostenerlo y si yo lanzo una piedra, debo hacerlo desde lo mas atrás que pueda mover mi brazo, si doy un salto de longitud, debo tomar la mayor distancia posible hacia atrás.

En lo individual, el ser humano se percibe como un "yo" y se declara separado de todo lo que no es "yo", que sería el "tu" o el "ello", solo cuando se unen los contrarios se regresa a la unidad.

Cuando el hombre se declara a favor de algo, automáticamente se considera en contra de algo. De ahí viene la intolerancia y el aprendizaje. Pues todos debemos vivir los dos lados de la moneda para comprender el todo. Desde siempre se ha sabido que los seres humanos sufrimos la enfermedad porque no comprendemos la unidad.

Si soy agresivo, tendré que sufrir la agresividad; si soy golpeador de mujeres, no sería difícil que regresara en otra vida como mujer. Si he violado, deberé sufrir la violación. Si me he burlado de otros, alguien se burlara de mí. Ese es el Karma, la ley de causa y efecto, hasta que aprenda en conciencia.

Como ya dijimos, nuestro organismo está regido por un cerebro formado por dos hemisferios que manejan las dos partes del cuerpo.

Otra perspectiva que resulta útil para comprender la polaridad es la del "salón de los espejos". Desde este punto de vista, en cualquier momento podemos mirar alrededor y ver que las personas que nos rodean y los sucesos que nos ocurren son un fiel reflejo de aspectos de nuestro propio ser en los que tenemos que trabajar. Nos muestran nuestra sombra.

Atraemos a nosotros los tipos de experiencias y personas que necesitamos para que reflejen nuestros aspectos no reconocidos o polarizados. En este modelo no hay errores, no hay víctimas, sino oportunidades de crecimiento espiritual.

Todos tenemos un campo de energía personal creado por nuestras creencias y experiencias personales; este campo de energía está conectado con el Todo. La ley que lo rige es "lo similar atrae a lo similar". Nuestro campo atrae a otras personas y situaciones que reflejan las lecciones que necesitamos aprender para seguir creciendo. A menudo se trata de lecciones de polaridad y sombra, en las que otros desempeñan papeles u ocupan posiciones que representan un desafío para cada uno.

La perspectiva más amplia de este modelo de realidad es el concepto del campo de ensueño colectivo. El campo de ensueño colectivo, también conocido como campo morfo genético, es el campo de energía de todos los potenciales y posibilidades. Es no lineal y no causal y no hace distinciones entre el pasado y el presente, lo real y lo imaginario, el sueño o el soñador. En el campo de ensueño colectivo, no solo todo es posible, sino que está en constante evolución, al ser soñado, creado y reformado.

No es casualidad que dejara a este concepto casi hasta el final, pues darse cuenta de la polaridad de nuestras percepciones es el único aprendizaje y el propósito fundamental de cualquier ser humano. Si analizamos todos los conceptos de éste capítulo, todos tienen que ver con esa visión dual y con nuestra necedad de escoger un solo lado de la moneda, lo que nos obliga, tarde que temprano, a vivir el otro lado.

- **SER FELIZ OBUSCAR LA FELICIDAD SOBRE LA BASE DE OBTENER LA PAZ INTERNA:**

Hace poco leí una encuesta hecha a jóvenes de menos de 30 años que viven en México, D.F., donde se decía que el 55% de los muchachos aseveraba no ser feliz. Al leerla pensé que el término "ser feliz" es algo ambiguo, porque no es posible ser feliz de manera permanente y para siempre. Ser feliz es algo que se presenta como un chispazo. Algunos somos felices el día que pasamos un examen o cuando obtenemos algo que habíamos deseado; probablemente fuimos felices cuando nos compramos nuestro primer coche o la casa que siempre habíamos querido. Es posible que también fuimos felices cuando aquella novia nos dio el sí, o cuando nos casamos o cuando tuvimos a nuestros hijos. Otros son felices el día que ganó su selección de futbol o su equipo preferido en cualquier deporte y posiblemente cuando nos hemos ido de vacaciones o cuando todo sale bien.

En consecuencia, nos sentimos infelices cuando las cosas no van bien o definitivamente van mal. Seguramente no somos felices el día que fallece alguien cercano a nosotros o cuando hemos tenido alguna pérdida o cuando nos llamaron la atención en la escuela o el trabajo. Si le dieron un golpe a mi coche o se calló una pared de mi casa por un temblor o si hubo una inundación, nadie puede decir que en ese momento es feliz.

Pero, entonces, esto quiere decir que debo tener una estadística de los momentos felices y, si son muchos, decretar que soy feliz o, si son pocos, decretar que no lo soy; simplemente no lo creo.

Bueno, habría que reconocer que como casi todas las encuestas, no responden a una realidad. Hay gente que cuando le preguntan no saben que decir y declaran lo primero que se les ocurre u otros que no están de humor para responder; o como en éste caso en que habría que concluir que la pregunta está mal planteada porque nadie es eternamente feliz.

Hay un dicho muy extendido que nos dice que la felicidad consiste en saber apreciar lo que tenemos y en no desear con exceso lo que no tenemos.

Observemos que nos hemos referido a una felicidad generada por aspectos externos de nuestra vida, la pregunta sería ¿existe una felicidad interna que no depende de las circunstancias y que es mucho más permanente?: por supuesto que sí.

Estoy obligado a ser feliz y ello no tiene que ver con tener todo lo que deseo. Seguramente todos conocemos personas que tienen todo y no están en paz ni pueden considerarse felices.

Ser feliz no significa estar en un estado de alegría permanente, no quiere decir que siempre estoy contento o riendo. En realidad es una sensación de serenidad y calma.

Desgraciadamente, llevamos en nuestro campo de energía una serie de recuerdos, reales o imaginados, que conforman lo que se ha denominado el cuerpo del dolor.

Recordemos si alguien nos violó física o emocionalmente, ¿recibimos golpes? ¿Recibimos desprecios? ¿Fuimos engañados? ¿Fuimos maltratados?

O ¿Nos abandonaron? ¿Tuvimos algún accidente? ¿Fuimos sujetos de un secuestro? ¿Estuvimos presentes en un asesinato Les pido que se observen y miren de frente su sensación al recordar.

Puedo asegurar que ahí está dentro de nosotros. Se nos revuelve el estómago, los latidos del corazón se aceleran, algunos sudarán y todos sentiremos otra vez la sensación de dolor.

Nuestra personalidad está condicionada por el pasado y esos recuerdos se convierten, muchas veces, en una cárcel de la que no podemos salir.

Ahí están las pérdidas de cosas o personas, ¿se nos murió alguno de nuestros padres, alguien querido, una pareja o un hijo? ¿Te corrieron de un trabajo? o ¿alguien te humilló?

En ocasiones, incluso, nos siguen doliendo pérdidas o dolores que ni siquiera nos sucedieron directamente, probablemente alguien invadió nuestro país y nos quitó territorio o hubo una cantidad elevada de muertos hace cincuenta o cien años. Tal es el caso de los judíos con el holocausto o de los árabes respecto de los judíos o de los chinos respecto de los japoneses o de los mexicanos en relación con los estadounidenses o de los turcos con los griegos y viceversa.

Todas esas experiencias las traemos permanentemente dentro de nosotros. Y lo peor es que se aparecen dentro de nuestra mente de una manera automática, involuntaria y sobre toda repetitiva. Simplemente esos recuerdos aparecen sin control de nuestra parte.

Claro que existen niveles, habrá quien viva permanentemente su trauma o habrá otros a los que se les presente de vez en cuando. Habrá quien diga que ya olvidó o quién trate de negarlos dentro de sí, los mecanismos para sobrevivir son infinitos.

¿Hace cuanto que no cantas, hace cuanto que no bailas, hace cuanto que no ríes?, preguntaba el Chaman al hombre que le preguntaba por qué estaba enfermo.

Por lo que la felicidad parece ser una elección y, el sufrimiento también. Es mi decisión ser feliz a pesar de mis circunstancias.

## • LIBERARSE DEL SUFRIMIENTO:

Alguien decía que el sufrimiento es una introyección de la cultura del sufrimiento.

La introyección es un proceso psicológico por el que se hacen propios rasgos, conductas u otros fragmentos del mundo que nos rodea. La identificación, incorporación e internalización son términos relacionados.

La introyección es también el nombre de un mecanismo de defensa en el que las amenazas externas se interiorizan, pudiendo neutralizarlas o aliviarlas. Se considera un mecanismo de defensa inmaduro.

En realidad el sufrimiento se genera a través un proceso de identificación previo que nos lleva a una dependencia psicológica.

Conforme el humano va creciendo y desarrollándose durante su niñez, empieza a comprender que hay cosas y personas ajenas a uno, que existen en su exterior y, que sin lugar a dudas, no son parte nuestra, por lo que calificamos como "el ello".

Nuestros padres, hermanos, familiares, amigos, juguetes, casas, objetos, montañas, ríos, mares, estrellas, sol, luna, todo eso conforma "el ello".

Por lo tanto el mundo se separa entre "el ello" y "el yo", sabemos que hay una distancia entre las dos partes.

A pesar de que todos tenemos consciencia de esa diferencia, dentro de nosotros nos apropiamos de algunas partes de "el ello". Mis juguetes, mi mamá, mi papá, mis libros, mi cama, mi mujer, mis hijos, etc., en consecuencia, la distancia entre los dos se va perdiendo poco a poco, hasta convencernos de que todo eso también es parte de mi, pues es mío.

Hay otra categoría de objetos, por decirles de alguna forma, como son mis pensamientos y creencias, que parecen ser parte de mi, pero que en realidad fueron leídos u obtenidos a través del proceso educativo, por lo que en realidad son parte de "el ello".

Ustedes conocerán a personas dogmáticas y radicales que se identifican de tal forma con esas ideas y pensamientos que los hacen suyos, de tal forma que pudieran matar por demostrar que son la verdad.

Todos nos identificamos con las cosas. Mis libros son mi mayor tesoro, mi casa es lo más grande que tengo, el anillo que me regaló mi padre ya es parte de mi mano, pues siempre lo he traído conmigo, la vajilla que me heredó la abuela siempre ha estado en mi familia. La pregunta es: ¿Cuántas de las cosas que poseemos consideramos parte de nosotros mismos?

También hay personas que creemos que son parte de nosotros, ya dije la pareja o los hijos o incluso mis empleados. Estamos convencidos de que no podríamos vivir sin ellos. Situación que a veces confundimos con amor. Decimos: porque lo amo es porque sufro.

En éste libro ya hablamos del apego. Pues eso genera el sufrimiento. No entendemos que la vida te da y te quita, pero que todo es prestado y que al haber perdido la distancia entre "el yo" y "el ello", hace que suframos por lo que Consideramos parte de nosotros.

Es más, el tamaño del sufrimiento está en relación con el tamaño de la identificación. Más te identificas, más sufres.

Esto quiere decir que si cambio mi foco de atención y dejo de identificarme con cosas y personas, podría dejar de sufrir. Debemos mantener una distancia crítica entre "el ello" y "el yo", ¿Cómo? Pues a través de la auto-observación. Esto es, ESTAR EN MI.

Si estamos totalmente identificados con personas y cosas, cuando las perdemos pareciera que perdemos algo de dentro de nosotros.

Se convierte en un drama que nos deje la pareja o la muerte de un ser querido, sufrimos, nos deprimimos y pensamos que ya nada vale la pena. ¿Cuántos llegan al suicidio o cuando menos a desear morirse? ¿Acaso no sabíamos que no era de nuestra propiedad? Pasan los días y los meses y seguimos identificados con la persona y sufriendo día a día nuestro dolor.

La mente no nos deja en paz, a cada momento la recuerdo y recuerdo el dolor que me generó su partida.

A veces por años seguirnos cargando el mismo dolor, creando imágenes de lo que pudimos hacer o no hacer para evitar que se fuera, hasta que esos pensamientos se convierten en monstruos imposibles de vencer.

Ahora, después de algún tiempo, incluso nos identificamos con el dolor y, como ya es parte nuestra, pues no queremos deshacernos de él. Lo amamos tanto, que al pasar los años sigue conviviendo en forma permanente con nosotros.

Lo mismo sucede cuando nos roban o perdemos algo que considerábamos nuestro o de mucho valor.

Alguno dirá que soy insensible ante el dolor de que se muera tu madre o un hijo. Si, entiendo lo doloroso que es, pero no podemos caer en el vicio de estarnos auto infligiendo dolor.

Siempre habría que preguntarse si lloramos por el que se fue o por uno mismo; por todo aquello que le hicimos o no le hicimos, por todo aquello que dejamos de decirle, en fin.

Los orientales dicen que hay cinco aspectos que, si eres consciente de ellos, te llevan a liberarte del sufrimiento y son tan importantes que requieren un capítulo aparte, esos son:

# CAPÍTULO VIII

## LOS KLESHAS:

En el budismo existe un concepto denominado Klesha. En los textos más antiguos se refiere generalmente a estados mentales que de manera temporal nublan la mente y se manifiestan en acciones negativas para el karma.

Existen cinco Kleshas o bloqueos u obstrucciones, los cuales evitan el avance espiritual del humano. Por eso deben ser eliminados de todos los aspectos de nuestra vida y, por supuesto, antes de que iniciemos nuestra meditación, pues estos cinco Kleshas son la causa de todo sufrimiento y dolor

Antes de meditar debemos liberarnos de las situaciones malignas con las que los humanos hemos contaminado al mundo. Un individuo no puede escapar tan fácilmente de la sociedad y del ambiente que le rodea, así que no solo tenemos que crear una pantalla invisible dentro de nosotros y dedicar tiempo y esfuerzo a meditar, sino también re-entrenar a nuestras mentes para que no seamos perturbados por todo lo negativo del mundo y de nosotros mismos.

Ello incluye nuestro propio cuerpo de dolor y el pensamiento contaminado de la humanidad, que recibimos todos los días a través de los medios de comunicación y de la charla insustancial con quienes tenemos cerca

Mediante la práctica de la meditación, la respiración rítmica y la tranquilidad, nos mantendremos relajados a medida que el resto del mundo sigue avanzando

Es un hecho que no podemos curar la violencia del mundo en el que vivimos o terminar con la polución que tenemos que respirar. Seguramente, tampoco podemos acabar con el daño que se hace al medio ambiente y a la flora y fauna de nuestro mundo. No podemos cambiar al sistema que mantiene millones de pobres y a nuestras mentes en cadenas, o sanar a la estructura social, sus costumbres y tradiciones que crean descontento y que son insoportables para la gente sana, Tú y yo no podemos salvar al mundo.

Debemos dejar a un lado todo condicionamiento y lavado cerebral del pasado, el que determina nuestras actitudes, acciones y patrones de pensamiento, y deberíamos comenzar a pensar por nosotros mismos con sentido común.

Los budistas nos dicen que la raíz de todo conflicto y problema son: la ignorancia, el ego, la aversión, el apego y aferrarse a la vida. Yo agregaría el miedo que está implícito en todos ellos.

Nos dicen también que las oportunidades para superar a los Kleshas dependen del grado de éxito que obtengamos en la meditación y el alcance de la iluminación. Si observamos las acciones y los pensamientos que tenemos en el presente, podemos crear la paz y la serenidad en el futuro. El pasado no es importante, pero podemos tomarlo como guía; la experiencia evita que repitamos los mismos errores. Esto no es para todos.

Nuestra responsabilidad solo es práctica si está relacionada con nosotros. Debemos desarrollar un estilo de vida que nos haga inmunes a la locura del mundo moderno. Así, dentro del caos, mantendremos nuestro interior en tranquilidad. Debemos permanecer siempre conscientes de que somos espíritus inmortales, partículas del Ser, eterno e indestructible.

Se ha denominado a los Kleshas: "Los Espejismos del Camino".

La palabra proviene del sánscrito y significa ignorancia esencial, es decir la de nuestra auténtica naturaleza y supone el principal obstáculo al conocimiento real.

Los Kleshas actúan en conjunto para distraer nuestras percepciones y para evitar que veamos claramente. Oscurecen nuestra visión, ensuciando la ventana a través de la cual miramos hacia el mundo. Representan los obstáculos interiores que se generan por confusiones basadas en reemplazar un valor real por uno ilusorio.

En nuestro interior se interrelacionan los cinco, pero el Klesha fundamental es AVIDYA (ignorancia) y de ello se desprenden los otros cuatro obstáculos psicológicos que inhiben la visión correcta y generan el sufrimiento.

**I). AVIDYA:** Es la ignorancia que nos lleva a la falsa comprensión. Cuando vemos un objeto o a una persona, lo comprendemos tal como lo percibimos, y no necesariamente como lo que es. Es como si hubiera un velo entre lo que percibimos y el cómo lo percibimos, un velo que deforma la realidad.

Por eso, cada vez que te juzgo y digo: tu eres así (feo, grosero, gordo, malo, tonto, etc.), debiera decir: yo te percibo así.

Comenzamos creyendo que algo es verdadero, y a través de los resultados de nuestras acciones descubrimos que no lo es, o viceversa. También podemos comenzar creyendo que algo es falso, para descubrir que en realidad era verdadero.

La mente está generalmente en un estado que no nos permite ver o aceptar la realidad tal cual es; se generan las confusiones al estar atrapados en maya, que es el aspecto ilusorio de la realidad del plano físico. Al decir "ilusorio" no significa que sea "inexistente", sino que no es exactamente lo que parece. Al identificarnos cada vez más con la materia vamos perdiendo el contacto con la parte trascendente del mundo que nos rodea, asimismo perdemos contacto con la parte superior que tenemos dentro nuestro.

La práctica de la meditación y del Yoga nos lleva de lo ilusorio a lo real. Al proporcionarnos aquietamiento mental nos facilita ver el aspecto trascendente de la vida, contribuyendo a que percibamos que somos parte del Todo, y que el Todo es parte nuestra.

**II) ASMITA:** Deriva de la raíz sánscrita "asmi" que significa "yo soy". Es el sentimiento desmesurado del ego.

Para los occidentales el ego es algo positivo, pues tiene la función de coordinar y de ajustar dos mundos; interno y externo, social e individual de una forma efectiva. Pero cuando el ego se eleva creyendo que es el centro de la vida psíquica, entonces hablamos de la falsedad del ego. En este estado nos identificamos con la parte dominante que nos da seguridad, buscamos a toda costa el placer y huimos del dolor, no aceptamos el cambio porque estamos llenos de prejuicios y creencias, nos negamos a escuchar, nos aferramos a lo que tenemos y defendemos, incluso con sangre, las interpretaciones de nuestra mente.

Para los orientales el ego simplemente es una falsedad total, no lo califican de positivo o negativo, pues ello implicaría caer en la polaridad.

Asmita se relaciona también con el ahogo y la asfixia, se somatiza con los resfríos y las enfermedades de las vías respiratorias.

Los grandes sabios indios proponen formularnos la pregunta ¿Quién soy Yo? como una auto inspección de carácter meditativo, siendo capaces de ver que en realidad no nos define nada de lo que suponemos, ni lo que creemos ser, ni nuestros recuerdos, ni lo que tenemos. A través del desapego comprendemos que el Ser no es aquello con lo que nos identificamos constantemente.

**III) RAGA:** En sanscrito significa color o estado de ánimo. Es el excesivo atractivo por placeres, es creer que lo que deseamos es lo que necesitamos, el pozo oscuro del deseo que nunca se satisface persiguiendo cosas, personas o metas. En páginas anteriores hemos comentado algo sobre esto.

La persona que está en Raga suele ser una inconforme permanente, insatisfecha, muy acelerada, impaciente y nerviosa, no tiene paz en mente y espíritu. Busca cada vez más cosas y se satisface cada vez menos. Trata de aturdirse con todo lo que excite intensamente los sentidos y las emociones. Al buscar cada vez más esa excitación para bajar su angustia, empieza a entrar en una aceleración que no le permite detenerse a pensar ni profundizar en nada, no puede disfrutar de las cosas pequeñas, así va haciendo cada vez más superficial su vida.

Cuando sentimos estas necesidades y no somos capaces de satisfacerlas, nos perturbamos y esto a su vez nos conduce al sufrimiento, sin embargo, a través de ello empezamos a darnos cuenta que la dicha es un estado interior, y no algo que depende únicamente de los satisfactores externos.

**IV) DVESA:** Significa lo que te repulsa. Este estado es el opuesto al deseo, es el rechazo a personas o cosas. Es la aversión a situaciones del pasado que nos han herido. Son las corazas que todos nos ponemos para protegernos.

Se basa en nuestras creencias, nuestros valores y pensamientos, no revisados.

Conozco personas que viendo la televisión, continuamente señalan que tal artista o comentarista les cae mal, no les gusta su voz o su forma de ser o su estilo, que se yo. Pero pocas veces se dan cuenta de donde surge esa percepción.

Cuando la mente descalifica deja de ser creativa, se vuelve rígida y defensiva porque está herida, al violentarnos innecesariamente contra algo o alguien, esa violencia repercute y de alguna manera se nos vuelve en contra. Se manifiesta cuando una persona desconfía de todos, encuentra defectos en todas las personas que lo rodean, o nadie le cae bien. Ésta es una cualidad de los intolerantes.

Habría que analizar que todo aquello que rechazamos en nosotros mismos, lo proyectamos hacia fuera, en los demás. Los psicólogos lo identifican con nuestra sombra.

Cuando odiamos un objeto o a una persona, consumimos grandes cantidades de nuestra energía física, mental y psíquica.

Pensando en cómo perjudicarlos o afectarlos, irradiamos una negatividad que no soportamos, de manera que los demás reflejan esa negatividad y la traen de vuelta, entonces creemos que la mala onda viene del otro, pero en realidad somos nosotros quienes la estamos transmitiendo.

Una forma de enfrentar Dvesa es aceptando a los demás como son y tratando de corregir en nosotros mismos aquello que nos disgusta tanto de los que nos rodean.

**V) ABHINIVESHA:** Significa instinto de sobrevivencia, miedo a lo nuevo, a lo desconocido. También es el excesivo miedo a la muerte y el apego exagerado a la vida. Todos las Kleshas están conectadas. Se presenta en nosotros como ansiedad y temor,

Ese temor deriva en muchos otros miedos. Sabemos que los miedos atan, frenan, y nos impiden actuar con libertad, así quien esté en Abhinivesha suele ser una persona muy amargada, muy preocupada por todo, le resulta muy difícil disfrutar de las cosas, siempre aprensiva y desconfiada y no se permite nada nuevo por la inseguridad que le provocan los cambios, lo desconocido.

Puede que tengamos temor de alejarnos de la seguridad del lugar en que estamos ahora, podemos tener temor a perder lo que poseemos actualmente, podemos temer que algo nos suceda en el futuro.

En el fondo, todo tiene que ver con el miedo a la muerte, con el temor a desaparecer o a ser insignificantes. Lo cual es ilógico, pues lo único seguro de éste mundo, es la muerte. Ese determinismo es inherente a todos los seres vivos, no hay forma de evitarlo.

Hay otra constante en nuestra vida que es el cambio mismo. Nacemos, crecemos, nos reproducimos (si es posible) y morimos.

# CAPÍTULO IX

## EL PROCESO DEL DESPERTAR:

Hay dos grandes días en la vida, el día en que nacemos y el día que descubrimos para qué nacimos y hacia dónde vamos.

Como complemento de lo que se dijo en el capítulo de introducción sobre los cuatro tipos de hombres que existen, el proceso para liberarse de todas nuestras cargas se ha denominado iluminación o despertar y por lo general se lleva a cabo en infinidad de existencias, mejor conocidas como la rueda del Samsara y consiste de varios pasos. Esto es como una escalera donde vamos subiendo escalón tras escalón, a veces retrocedemos y a veces subimos de dos en dos escalones o a veces nos detenemos en un remanso.

Pero es importante señalar que el nivel en el que nos encontramos, solo nosotros mismos lo sabemos, nadie puede juzgar si hemos adelantado o no, ni si ya estamos cerca de llegar al siguiente nivel, aunque algunos traten de engañarnos diciendo que ya son iluminados.

En el vientre materno el feto no sabe de necesidades, en realidad las tiene cubiertas todas; se encuentra en un estado semi-inconsciente en el que escucha los ruidos de su madre y del exterior, sin mente y con una sensación de unidad con todo lo que existe. Sin saberlo ya lleva una carga genética dada por sus progenitores y todas las anteriores generaciones. Sin saberlo va a nacer con infinidad de influencias como el idioma, la patria, la cultura, las costumbres y prejuicios de su familia, incluso los miedos y deseos de los que lo antecedieron, su posición social, su género, su raza e infinidad de aspectos más. A ello habría que agregarse sus compromisos de vida contenidos en su carta astral que regirán su destino.

Ello no quiere decir que todo esté determinado, por supuesto que no, para eso tenemos el libre albedrío. El destino es aquellos aspectos que tengo que comprender en esta existencia, consecuencia de mi nivel de ser que he obtenido en diversas encarnaciones y que puedo aprender de dos formas: a través de un proceso conciente o a través del sufrimiento. En un párrafo anterior ya habíamos señalado esto y sería parecido a enfermedades como la diabetes o la hipertensión o el cáncer, que pudieran heredarnos nuestros progenitores. Si cuidamos nuestra alimentación, hacemos ejercicio, nos revisamos cada determinado tiempo y no subimos de peso, lo más probable es que la enfermedad no se presente. Si por el contrario, no nos cuidamos, las posibilidades de sufrir la enfermedad son mayores.

A pesar de sus influencias genéticas y astrológicas, al nacer a cualquier bebé se le ve en sus ojos la fuente de la sabiduría. Los infantes se encuentra absortos con todo lo que los rodea, de todo se maravillan y seguramente saben que el mundo los ama. La pureza y la apertura se encuentran dentro de su ser, únicamente carecen de una conciencia profunda sobre su propósito y sobre las experiencias que vivirán y, por supuesto, todavía no crean una mente. Al nacer todavía se encuentran formando parte de la unidad del universo. No saben los nombres de todo lo que les rodea y no necesitan tener una opinión sobre nada. Pero el momento del nacimiento es un acto traumante pues el frio, la presión, el hambre y el dolor se presentan por primera vez. Algunos psicólogos consideran que en los primeros meses y años de vida se presentan los primeros vacios y les han llamado la huella o la herida de abandono, ya que por primera vez se dan cuenta de que se separan de lo que consideraban parte de ellos mismos, principalmente de su madre y eso duele.

Conforme los niños van creciendo y se hacen concientes de que tienen un nombre, un idioma, una cultura, una religión, una posición social, etc. se separan de los demás. Este proceso tiene que ver con la utilización del idioma y por ello generalmente las niñas llegan primero que los niños. La conformación del ego se empieza a dar entre los tres y cinco años de edad. Empiezan a ver su cuerpo y le dan una valoración, soy blanco, soy pecoso, soy negro, soy bonito, son gordo, soy feo, soy flaco, soy rico o pobre, tengo cosas: juguetes, diversiones, tengo comida y en consecuencia no tengo hambre o no tengo comida y tengo hambre.

Con esto entran en la dualidad, en la polaridad de todo: alto o bajo, bueno o malo, arriba o abajo, sí o no.

Hay una edad en que todos nos empezamos a dar cuenta que debemos satisfacer nuestras necesidades por nosotros mismos y ello se va dando poco a poco. Surge la necesidad de poseer, pues en los objetos, las personas y los eventos nos buscamos a nosotros mismos.

Al llegar a la adultez nos identificamos plenamente con el mundo, mi cuerpo, mi casa, mis cosas, mis padres, mis y más mis. Y conforme pasan los años nos identificamos con nuestras historias personales, con nuestras opiniones, con nuestras creencias, con nuestros recuerdos y con las cosas que queremos lograr y que cada uno considera como parte de su yo.

Empezamos a compararnos con todo y con todos los que nos rodean y medio entendemos nuestro lugar en el mundo.

Con los años se crea la vocecita interna que nos dice lo que debemos, lo que podemos y lo que queremos, así como todo lo que no debemos, no podemos y no queremos, convirtiéndose nuestra mente en una olla de grillos, donde nunca hay silencio.

En este nivel nos apropiamos de todo lo que podemos, incluso de personas, porque al fin y al cabo son mi mujer o mi hombre y mis hijos. Entonces acumulamos y nos apegamos, con todo nuestro ser, a lo que denominamos nuestras propiedades.

En esa etapa vivimos en el pasado o en el futuro, pero pocas, muy pocas veces en el presente.

Ya decíamos en un capítulo anterior que todos pasamos por la época de querer todo solo para nosotros. Después de haber formado nuestro ego, tratamos de tener y tener más; queremos dinero, fama, poder, amor, cosas, etc., surge el triunfador.

Conforme vamos acumulando en la vida, nos damos cuenta de que hay cosas que nos sobran o que ya no serán usadas por nosotros, ya sea porque ya no nos agradan o porque ya no están de moda o porque debo cambiarlas y entonces, empezamos a dar pero sin una conciencia concreta del propósito de dar.

Conozco personas que guardan cosas que ya no les sirven, ropa, zapatos, juguetes, aparatos, de todo, nunca se deshacen de nada, llenan desvanes, closets y roperos, y es que no ha nacido en ellos el desapego, por lo que siguen conservando triques y cachivaches por siempre, aunque nunca vuelvan a usarlos.

En ésta etapa, todavía satisfacemos nuestra imagen al dar, nuestro ego se siente muy bien y nos gusta que los demás vean que somos personas que damos.

El primer salto importante se da cuando descubrimos que dar genera felicidad y de alguna forma nos conecta con aquel al que le damos. Y cuando me refiero a dar, no solo significa dar cosas o dinero, sino empezamos a dar de todo aquello que tenemos, como podría ser de nuestro tiempo y de todas aquellas cualidades que como ser humano he obtenido.

Implica la ayuda que podemos brindar a otros, el apoyo y sobre todo la compasión. De alguna forma la compasión no es una relación entre el que ayuda y el desvalido, por lo que, en esta etapa empezamos a comprender que la compasión es una relación entre iguales. En muchos casos se inicia cuando somos capaces de ver a profundidad nuestra propia oscuridad y entonces podemos estar presentes con la oscuridad del otro. La compasión se vuelve verdadera solo y cuando reconocemos nuestra humanidad compartida. Claro que habría que entender a profundidad la palabra compasión, pues en el idioma español casi todos la entendemos como lástima del otro.

Es común que cuando ayudamos a otra persona, sentimos esa separación entre el que ayuda y el que es ayudado, como si estuviéramos por encima de aquel que necesita de nuestra ayuda. Esa sensación de separación tiene más que ver con la lástima, y desde la lastima nuestro ego se engrandece, nos sentimos superiores, la otra persona nos necesita, somos mejores.

Cuando se da la verdadera compasión podemos ver al otro como a uno mismo, podemos imaginar que podríamos estar en su misma situación, y desde esa humanidad compartida nos ayudamos mutuamente. Cuando llegamos en forma a esta etapa estamos concientes de que si nos encontramos con alguien que nos pide ayuda, debemos verlo como nuestro igual. Porque al fin y al cabo el que te pide una limosna, el que está enfermo, el que necesita de tu consuelo no solo podría ser yo, sino que es una parte de mí. Esa conexión es muy sutil y se da al mirar a los ojos de esa persona, porque nos hace sentir aquello que es igual en y entre nosotros, esa conexión que sentimos se llama AMOR.

En ésta misma etapa, el ser humano busca respuestas en todo. Si ustedes ponen atención verán que en la actualidad casi todo mundo anda en la búsqueda; en la búsqueda de respuestas, en la búsqueda de conocimiento, en la búsqueda de paz y serenidad. Es tal la necesidad, que muchos nos volvemos adictos a esa búsqueda, asistimos a todas las conferencias, vamos a todos los cursos, compramos todos los libros y llenamos nuestra mente de todas las teorías y creencias habidas y por haber.

Al principio muchos nos quedamos pegados a esos conocimientos. El que lo encuentra en la religión, se apega de tal forma que ya no quiere saber nada e incluso se molesta al oír lo que va en contra de sus creencias. De igual forma, el que encuentra la astrología o el tarot o la gnosis o la teosofía o la parapsicología o la escatología o la dianética o cualquier otro conocimiento, se queda apegado al mismo, creyendo que ya encontró la verdad, sin entender que todos esos conocimientos solo son una parte de la verdad y que deben tomarse como señales en el camino y no como el camino mismo.

Al fin, el ser humano entiende que es innecesario seguir llenando la cabeza con tantas cosas y se da cuenta que la sabiduría está dentro de nosotros y no fuera, empieza a observarse, cuestiona al ego y encuentra que todas las experiencias son espirituales.

Nos damos cuenta y recordamos que el camino del cielo consiste en vencer sin combatir, responder sin hablar, atraer sin llamar y actuar sin agitarse.

Poco a poco vamos tratando de escapar del tiempo y del espacio y por momentos logramos escuchar la voz del espíritu. Conscientemente comprendemos que dar es amar y dentro de nosotros mismos encontramos al testigo o a la presencia que siempre nos acompaña. Entendiendo que todo en la vida es transitorio, inclusive la muerte.

En esa etapa evolutiva la meditación y la oración se convierten en partes primordiales de su vida, entendiendo que la vida no nos debe vivir a nosotros, sino nosotros vivir la vida, entendiendo que todo lo que hagamos es un ritual en el camino de regreso a casa, a Dios, así descubre su esencia a través del amor y la compasión, atisba el alma, no espera uno nada a cambio porque das por dar y aceptas todo.

Cuando llegamos a que nuestro objetivo primordial sea deshacerse del ego, encontramos que ya no hay vacios que llenar, que todo lo que "es" está bien, que las cosas pasan por algo y por lo tanto llegamos a la aceptación. Dejamos de juzgar y de querer tener la razón.

También nos volvemos concientes de lo que es real y lo que es irreal, dejando de preocuparnos por el tener o el poseer y si logramos prestar atención a nuestra intuición, percibiendo las sincronicidades que se nos presentan, incluso podemos convertirnos en videntes.

Pocos llegan a tener un nivel de ser como el descrito, en donde pueden percibir la luz abrasadora del ser y donde comprenden que la vida tiene sentido

Los sabios en la antigüedad lo consideraban un nuevo nacimiento, le llamaban iluminación o encontrar el nirvana o llegar al reino de los cielos, pero no importa el nombre que queramos darle, solo implica darse cuenta que hay alguien dentro de uno que siempre ha estado ahí que es la presencia que observa.

Al final de nuestro recorrido, después de infinidad de existencias y experiencias de todo tipo, de caídas y subidas, de errores y aciertos, podremos percibir a Dios en su totalidad, estaremos concientes del espíritu puro. Empezaremos a sentir la dicha y la realización total, lo que se denomina la plenitud del ser.

Entonces regresaremos a la inocencia que tiene un bebé, pero ahora con conocimiento, con la experiencia de lo vivido y con la comprensión profunda de la existencia. ¡Sí!, al final regresamos al principio. La serpiente se muerde la cola.

Ya Jesús decía que para entrar al reino de los cielos había que volver a ser como niños.

Surge entonces la conciencia de unidad con la percepción del creador a través de todo lo que existe. Le llaman conciencia cósmica.

Por supuesto, como todo este proceso se da en infinidad de existencias, es extremadamente raro que pudiera darse de forma automática o en unas pocas vidas. Pero al final, debemos saber que no hay prisa, toda vivencia –buena o mala- nos lleva irremediablemente en el camino debido y tarde que temprano todos llegaremos.

Jesús les dice a sus discípulos que sean uno como El y el Padre son uno.

# CAPÍTULO X

## VOLVER A LA FUENTE O RELIGARSE CON EL UNIVERSO:

EL "Bhagavad-gita" es un libro de gran sabiduría de la India, conocido como el libro-Dios, el libro de la iluminación o como la Biblia del hinduismo, fue incluido en el Mahabarata, documento épico de más de cien mil versos o coplas y es considerado la máxima joya de la literatura sánscrita. El Gita-como se le conoce- relata el diálogo entre Krishna, la persona divina y Arjuna, el guerrero, a quien le es revelado el conocimiento trascendental que requiere el hombre para la evolución de su conciencia.

Éste libro, además de narrar una guerra entre hermanos y familiares de una extinta civilización de alto nivel cultural y tecnológico, tiene una intención simbólica consistente en que el hombre encuentre aquello que lo separa de la ignorancia. Krishna se presenta humildemente como el conductor de su carro de guerra, lo que debemos entender como el guía de nuestro espíritu.

Arjuna, desesperado por tener que matar a personas que ama, deja caer su arco y flechas en el campo de batalla y su alma se expresa así:

"En la negra noche de mi alma siento una gran desolación, yo el discípulo, vengo a ti Krishna en demanda de que seas una luz en el camino de lo que debo hacer".

Y más adelante Krishna le habla con estas palabras: "Los sabios no plañen por aquellos que viven, ni plañen por aquellos que mueren, pues vida y muerte son pasajeras, porque todos nosotros hemos existido por todos los tiempos"

"Así como el Espíritu de nuestro cuerpo mortal transita de la infancia a la juventud y la edad madura, así el Espíritu viaja a un cuerpo nuevo; de esto el sabio no abriga duda alguna. Del mundo de los sentidos, Arjuna, proviene el calor y el frio y el placer y el dolor, vienen y van; son transitorios. ¡Elévate por encima de los dualismos, alma fuerte!".

"Sé eterno, más allá de bienes y posesiones, aduéñate de tu propia alma" y "pon tu corazón en tu trabajo, jamás en las recompensas del mismo, que no te conmuevan ni éxitos ni fracasos", "no sabes cuan pobre es el hombre que trabaja por una recompensa, inmerso en sabiduría, el hombre va más allá de lo que está bien hecho y de lo que está mal hecho, librándose de las consecuencias de uno y otro, así éste hombre es libre"

Durante todo el libro se refiere con claridad a la forma de regresar a la fuente, de unirse con Dios o de religarse con el universo, para lo cual utiliza el término Yoga.

La palabra YOGA viene del sanscrito Yug y significa unión. En nuestro idioma existe de una manera un tanto velada en palabras como conyugue o yugo, pero manteniendo dicho significado.

El Yoga afirma que el hombre vive inmerso en Maya, la ilusión de que todo lo que percibe a través de sus sentidos es real y por eso mantiene esa sensación de estar separado de todo y que piense que es una unidad independiente del mundo a su alrededor.

A la unidad la llamamos Dios y por ello en las distintas disciplinas esotéricas se habla de la "unión mística" o "boda chymica" o "conciencia cósmica", encontrar la luz, hacerse uno con el universo, procesos a través de los cuales el hombre logra la plenitud

Todo ser humano ha caído de la unidad y desea regresar a ella. Y éste deseo de regresar a la unidad es una especie de nostalgia a la que llamamos búsqueda de la felicidad, búsqueda de la plenitud o búsqueda de un sentido en la vida.

Ya escribimos sobre lo que nos dice la Biblia en el Génesis. Nos habla de cómo nos separamos de esa unidad al comer el fruto del árbol del bien y del mal, esto es de la polaridad, pues al ver la realidad en forma dividida (bien-mal, arriba-abajo, positivo-negativo, etc.) nos alejamos de esa unidad que tuvimos con el cosmos.

El Bhagavad-gita nos dice que existen cuatro formas para regresar a la unidad.

Primero el **KARMA YOGA:** EL YOGA DE LA ACCION.

"Cualquier cosa que hagas, pienses, sientas, obtengas, comas, des u ofrezcas, déjalo ser una ofrenda para mí y lo que sea que pases o sufras, hazlo por mí. De ese modo serás libre del Karma y de esa manera serás libre de ataduras y con tu alma, una en renunciación, serás libre y vendrás a mí". De esa forma le habla Krishna, la persona divina, a Arjuna, el guerrero.

A esta técnica se le conoce como el sendero de la recta acción. Es una forma de desapego y aceptación o de aceptación y desapego, de renunciación a recibir para sí mismo los efectos de "hacer". Está relacionado con el "Hágase tu voluntad" del Cristianismo o con el "en ti confío del Jesús de la Misericordia".

Hay un principio que seguir en ello, consiste en agregar un tercer componente a toda acción. Por ejemplo: si usted está trabajando, debe agregar un tercer foco; esto es una tercera persona que está realizando el trabajo de manera desinteresada, sin esperar los frutos del mismo. En tales condiciones veo un trabajo que está siendo realizado por alguien y yo me mantengo como un "Yo" observador. Y vuelve la Auto-observación.

Parece una técnica fácil de llevar a cabo pero no lo es, pues mirar todo lo que se hace con ojos de una tercera persona es bastante difícil. Algunos santos pasaron toda su vida tratando de alcanzar ese estado.

Por supuesto, significa liberarse del ego que considera ser el que hace y el que recibe las recompensas o castigos por lo que hace. La presencia que está en ti se encarga de todo y tú ya no actúas en términos egoístas.

Y todo esto no requiere retirarse de las personas a las que amamos o a las pertenencias. La renunciación debe ser interior.

"Ofrece todos tus trabajos a Mí y reposa tu mente en lo Supremo. Sé libre sobre las vanas esperanzas y los deseos egoístas y con calma interior pelea tú tu pelea" pero no por mera renunciación alcanza el hombre la suprema perfección. Porque ni siquiera por un momento puede un hombre estarse sin actuar. Aquel quien se aparta de las acciones, pero con añoranza en el corazón por los placeres que proporcionan, ese hombre está bajo ilusión y es un falso seguidor del camino.

## Segundo el **BAKTI YOGA:**EL YOGA DE LA DEVOCION Y DEL AMOR.

Dios me respeta cuando trabajo, pero me ama cuando canto, bailo y oro, decía Tagore.

Se le conoce como el Sendero del amor e implica una entrega total a través de las emociones. Tiene que ver con Canciones, danzas y oraciones.

Es cuando el amante y el amado se fusionan,. como decía San Juan de la Cruz.

Amor por la luz, la naturaleza, el universo, amor por los padres, los hijos, la pareja. Volver a la FUENTE a través de amar la luz interior que existe en todo. "Me inclino ante tu alma", e hilando más fino "mi alma se inclina ante tu alma".

Dice el Gita: "Dios habita en el corazón de todos los seres, Arjuna: tu Dios habita en tu corazón. Su poder maravillosos mueve todas las cosas y personas –títeres en un teatro de sombras- haciéndolas girar en el arroyo del tiempo".

La palabra Namasté que actualmente usan tantas sectas y grupos esotéricos, tiene ese significado: "yo honro el lugar en ti, en el cual habla todo el universo. Yo honro el lugar en ti que es de amor, de verdad, de luz y de paz. Cuando tú estás en ese lugar en ti y yo estoy en ese lugar en mí, somos uno"

Si tenemos en cuenta que la cultura védica da por sentado que el cuerpo físico no es otra cosa que "ropajes gastados", que el atman (alma) cambia en cada nuevo nacimiento, entonces entenderemos que el saludo entre las personas tiene, necesariamente, que ser de carácter interno.

Los Derviches en Turquía que oran dando vueltas interminables, los monjes cristianos que cantan con coros o que repiten una oración infinidad de veces o como los budistas repitiendo mantras como el om o el ommanipadmehum. La idea es que el ritual y nosotros nos convirtamos en uno.

En algún lado leí que, durante la conquista, los Aztecas no entendían la forma de orar a los Dioses por parte de los españoles, pues veían que solo repetían sin sentido todas sus oraciones, pero no daban aliento de vida a la oración, incluso tenían alguna palabra para denominar a los sin aliento.

Por lo tanto para entrar en el Bakti Yoga necesitamos: Fe, imaginación y substancia.

Fe consiste en creer en la energía que conforma el universo, Dios. Todo es posible para aquel que cree. Por supuesto no me refiero al concepto de fe que tiene el cristianismo.

Substancia es darse cuenta que Dios es amor, Dios es todo. La totalidad de Dios está en cada punto del universo al mismo tiempo.

Imaginar cómo somos parte de esa unidad es básico, es creer en la luz interior que se encuentra en todo y en todos.

Dentro del cristianismo existen muchos hombres santos que han buscado a Dios en todo y en todos, tal es el caso de Francisco de Asís, del que ya hemos hecho referencia.

Para dar aliento de vida a orar y a entrar en contacto con el Espíritu debemos respirar. Imaginar, creer. Para ello con todo mi ser:

Y volvemos al Gita: "Quienes tienen todos los poderes de su alma en armonía, y la misma amante mente para todos, quienes encuentran gozo en el bien de todos los seres, ellos en verdad alcanzan mi verdadero Ser, pon tu corazón en Mi solo: tu vivirás en Mi en verdad desde entonces".

"El hombre que tiene buena voluntad para todo, quien es amistoso y tiene compasión, quien no alimenta pensamiento de yo o mío, cuya paz es la misma en placeres y sufrimientos y sabe perdonar" "Aquel cuya paz no es conmovida por otros y ante los cuales otros hombres hallan paz, más allá de las pasiones y la ira y el temor, ese hombre es caro a Mí, aquel que es libre de vanas esperanzas, quien es puro, sabio y sabe qué hacer, quien en paz interna contempla los dos lados de las cosas y no se conmueve, quien trabaja para Dios y no para sí mismo, este hombre me ama y es caro a Mí. Quien es equilibrado en maldición y alabanza, cuya alma es silente, que es feliz con lo que tiene, cuyo hogar no es en éste mundo y quien tiene amor, este hombre es caro a Mi"

El tercer yoga: **JÑAÑA YOGA:** EL CAMINO DEL CONOCIMIENTO.

En este caso hacemos uso de la Mente racional. Debemos reconocer que no es el mejor camino, pues podemos caer en la ilusión de nosotros ser el conocimiento, a través del EGO.

Los textos hindús dicen que no hay necesidad de buscar la verdad, basta dejar de seguir haciendo apreciaciones, decía el sabio.

Cuando comenzamos a aprender nuestro lenguaje paterno, según el país del mundo en el que hemos nacido, aprendemos a ponerle etiquetas a todo. Por lo general, las primeras palabras que entendemos son mamá y papá, así como nuestro nombre.

De ahí en adelante, a todo aquello con lo que convivimos en nuestra vida le ponemos un nombre, esto es, una etiqueta. Esos nombres nos permiten comunicarnos con los que nos rodean, pero también, nos alejan de la esencia de las cosas y de las personas.

Y es que nuestra mente racional se basa en esas etiquetas para entender el mundo que nos rodea.

A algunas de esas palabras les otorgamos una carga emocional. Por ejemplo, conozco una persona para la cual la palabra "sobaco" es molesta, por lo que siempre que alguien la dice, ella replica: no digas sobaco, di axila. Las palabras que utilizamos para nombrar a los órganos sexuales, siempre han sido reprimidas por buena parte de la sociedad. Cuando somos niños nos dicen que nos refiramos a ellos como "la cosita", "el pajarito", "la colita" y no sé cuantas más.

Hay palabras que en nuestras sociedades son peligrosas, como gay o aborto o condón o negro. Aunque debo reconocer que su interpretación ha cambiado en la modernidad, de alguna forma actualmente las aceptamos con mayor facilidad.

Los que tenemos más de 40 años, todavía utilizamos palabras como viejo o invalido, lo que genera que se nos critique, pues ahora se dice: personas de tercera edad o personas con capacidades diferentes.

A eso habría que agregar las interpretaciones que a una misma palabra se les da en países diferentes, por ejemplo: la palabra "concha" en México se refiere a un pan con azúcar y en Argentina al órgano sexual femenino.

Por lo tanto, es muy difícil encontrar la verdad a través de la palabra, pues todos entendemos lo que queremos. Sin embargo –por el momento- no tenemos otro instrumento para entender el mundo.

El Yoga del conocimiento insiste en dejar las palabras de lado y tratar de percibir la esencia de todo lo que nos rodea con nuestra percepción interna. Si ves un bebé no es suficiente decir: Sí, es un bebé y se llama X, es necesario tocarlo, olerlo, sentirlo percibir las sensaciones y emociones dentro de nosotros, tratando de percibir su esencia. Lo mismo podríamos decir de un árbol o del agua o de una flor o un animal y, sobre todo, de otra persona.

Los estudios con personas invidentes (conste que no dije ciegas) han descubierto que aunque no es posible explicarles lo que es un color, ellos pueden percibir la energía de casi todos los colores.

Por eso podemos asistir a miles de cursos, leer miles de libros y meter en tu mente el conocimiento de siglos y aún así, no captar la esencia del universo. Despúes, repetimos todo lo aprendido como merolicos, pero no vemos hacia dentro de nosotros..

Adicionalmente, el ego nos engaña sobre quienes somos realmente y sobre quiénes son los demás.

En la Tradición Maya – Tolteca se dice que "Yo soy Tú y Tu eres Yo" y esto se refiere a que todas las cosas, sucesos y relaciones que se presenten en nuestra vida, son tan solo un reflejo de lo que somos. Los espejos explican cómo es que cada vivencia, aun por más común que este sea, es tan solo un reflejo de lo que somos y sentimos.

Todo lo que percibimos como nuestra realidad: hombres, mujeres, animales, plantas, naturaleza, el universo todo, están directamente relacionados con nosotros.

La pareja, los hijos, familiares y amigos, el trabajo, nuestra salud y abundancia están conectados de manera más directa, son nuestros reflejos más cercanos. Y reflejan nuestro estado energético, por lo que si no estamos en armonía con ellos, debemos tratar de equilibrar nuestro campo, a través de una visión diferente. Ello implica liberarse de juicios que no nos permitan ver la realidad.

Cuando nos relacionamos con otra persona, en realidad nos estamos relacionando con la imagen que tenemos de ella. Al convivir con alguien, percibimos al otro en base a nuestras experiencias y a nuestros recuerdos; y con esas nociones construimos una imagen.

En realidad nunca nos relacionamos con la esencia de la persona, sino con la memoria que existe en nuestro cerebro.

Cuando nos reunimos con amigos o con nuestros padres o con nuestra pareja o con nuestros hijos, solo vemos recuerdos. Fijamos a la persona sobre la imagen que tenemos de ella y en consecuencia la fijamos a un prejuicio.

Por lo tanto, las personas que nos rodean y la relación que podamos tener con ellas, tampoco abona a que nuestra mente racional sea suficiente para descubrir a Dios.

El cuarto o **RAJA YOGA:** EL CAMINO DE LA MEDITACIÓN.

Te lleva a la unidad mediante la meditación y la renunciación. Se basa en la integración de cuerpo, mente, emociones y ser. Consiste en vaciar tu mente como bambú y reposar para alcanzar la iluminación.

Él tipo de Yoga que conocemos en occidente, el Hatha Yoga es la disciplina del cuerpo. Tiene que ver con asanas o posturas con el pramayana o respiración. Ahora en occidente también se conoce el Kundalini Yoga.

Otra forma de meditación es el TAICHI de los chinos.

En el Raja Yoga se repiten Mantras que tienen por objeto entrar en un nivel de conciencia diferente. Se repiten algunos nombres de Dios, buscando una vibración que lo alineen a uno con la vibración del universo. El objetivo es que el observador y lo observado se conviertan en uno.

Existe la meditación sobre el fuego, sobre el agua, sobre el aire y sobre la tierra. Sobre el sonido o TRATAK, que es una meditación auditiva con campanas o tambores, o con el sonidos del mar o del río, como en la historia de Siddhartha de Herman Hesse. En nuestros países, de éste lado del mundo, se dice que el ruido del agua calma a las fieras, porque escuchar su movimiento es una forma de meditación.

Se supone que el cuarto camino incluye a los otros tres Yogas.

Pero la meditación no solo es disponer de un lugar y de tiempo para vaciar la mente y hacer silencio dentro de ti o para imaginar una relación con ángeles o seres superiores. Debemos recordar que la meditación debe practicarse en todo momento sobre lo que sucede dentro y fuera de nosotros.

En cualquier actividad que realicemos tratemos de ponernos en contacto con el nivel silencioso de nuestra conciencia. Si subimos una escalera, observemos cómo vamos moviendo el cuerpo escalón tras escalón, si nos lavamos las manos, cómo sentimos el agua y el jabón, si estamos comiendo, cómo deglutimos el alimento y como llega a nosotros, si nos bañamos o caminamos o leemos o trabajamos o si practicamos algún deporte, siempre en observación de nosotros y de nuestra respiración, buscando el silencio interno y la conciencia del espacio y del tiempo.

# CAPÍTULO XI

## LA VIDA DIARIA EN EL PROCESO DE DESPERTAR:

Para el ser humano que anda en busca de la verdad y de la sabiduría, es difícil enfrentarse a la vida diaria.

Todos estamos acostumbrados a enfrentar el día a día con rituales que nos dan seguridad, pero que hacen flojo a nuestro cerebro y obnubilan nuestra conciencia.

Pongamos algunos ejemplos: nos despertamos a la misma hora todos los días; nos bañamos como siempre, por lo general empezamos enjabonándonos la cabeza, luego el tronco y extremidades, hasta llegar a los pies (podrían alegar algunos de ustedes que tiene su lógica, pues lo sucio va bajando hasta salir del cuerpo, pero no me refiero a eso) nos vestimos de determinada forma, la mayor parte de las veces siguiendo un orden en la colocación de las prendas. Tengo un amigo, que desde la noche anterior acomoda lo que se va a poner el día siguiente. Luego, salimos de casa y si tenemos que ir a una oficina o a una fabrica o a cualquier lugar, casi siempre seguimos las mismas rutas. Algunos, todos los domingos van a misa o a eventos religiosos y, por supuesto, se ponen sus "prendas de domingo".

Algunas personas asisten al café o al boliche o al dominó con los amigos, en un día preciso de la semana, no será extraño que otro de los días de la semana sea el día de ir al cine o al teatro o, tal vez, el que programaron para tener sexo. Por la noche, al llegar a casa, también hay hábitos: cenar, ver televisión o checar correos o escuchar música. Entonces, hay que ir a dormir y, casi siempre, a la misma hora y de la misma forma. Si tienes pareja, tu lado de la cama no puede ser invadido y así hasta el infinito.

Las mujeres también tienen sus ritos y costumbres muy arraigadas, como ponerse o quitarse las cremas o el maquillaje o la hora de ir por los niños o el día de ir de compras o el día que ven a sus amigas o cuando juegan canasta, etc., éstos son solo ejemplos.

Habría que comprender que todos vivimos en base a algunos de estos ritos, aunque hay unos más obsesivos que otros. Mi padre, por ejemplo, exigía a quien tendiera su cama, que el doblez de la sabana sobre la cobija debería ser de determinados centímetros, si no, no se acostaba, pues muy corto no le permitía taparse y muy largo hacía que se salieran los pies por el otro lado.

Y es que todos estos ritos y costumbres tienen una lógica y una justificación, al menos para quien los lleva a cabo, por lo que podríamos pasar meses discutiendo los motivos por los cuales los realizan, pero en el fondo, todos buscamos la seguridad.

Un buen ejercicio es preguntarse uno mismo: ¿Qué ritos y costumbres tengo en lo particular, que cuando no cumplo con ellos me hacen sentir fuera de lugar?

Con el tiempo, muchos de esos rituales nos provocan tedio y nos hacen previsibles, pero sobre todo, nos quitan libertad y nos hacen intolerantes e inflexibles. Las cosas que al principio hacíamos con gusto se convierten en una carga, porque, aunque nos encante la sopa de cebolla, si la comemos todos los días, cansa.

Luego nos preguntamos por qué la vida en pareja se vuelve aburrida para muchos y agresiva para otros.

Sin embargo, la vida diaria debiera ser un escenario donde la conciencia este presente y pueda expandirse.

Para ello debemos romper esquemas, romper hábitos, buscar los motivos por los que hacemos esto o lo otro, y tratar de hacer las cosas como si fuera la primera vez, pues cuando hacemos algo nuevo ya estamos en el camino del cambio. Ya en el capítulo de Despertar habíamos hecho referencia a lo importante de ver todo como si fuera la primera vez.

Aunque la queja de casi todos nosotros es que no tenemos suficiente tiempo. Y es que la vida actual nos ha quitado nuestro tiempo, a pesar de que todos los inventos modernos tienen como objetivo darnos más tiempo. Deberíamos reconocer que quien posee tu tiempo, posee tu mente. Por lo que si queremos avanzar debemos adueñarnos de nuestro tiempo y así conoceremos a nuestra propia mente.

Situaciones nuevas dan origen al entusiasmo (en=estar y theos=dios), que es un estado de ánimo exaltado que surge de nuestro interior y que hace que todo lo que hagamos adquiera un sabor diferente.

Conozco infinidad de personas que creen que han despertado o al menos que están en un nivel alto de espiritualidad, por el hecho de que han leído, si no todos, muchos libros sobre esoterismo o espiritualidad o porque asistieron a un curso donde les abrieron los chacras o donde les dieron un método de meditación hermoso o porque cada año, en los días de equinoccios o solsticios, asisten a las pirámides a cargarse de energía. Hay muchos que asisten a todas las conferencias y platicas que existen sobre despertar de la conciencia o sobre encontrar la luz y la iluminación. Otros, o los mismos, van a rituales de todo tipo y permanentemente andan en la búsqueda de mayor conocimiento.

Hay quienes se han agarrado materialmente de la astrología o del tarot para regir sus vidas y, aquí entre nos, para ganarle la partida al destino. Se llenan la cabeza de términos en sanscrito o en hindú y esperan que la humanidad vaya a cambiar de la noche a la mañana por intervención divina o de los extraterrestres.

Y qué decir de los que ya dejaron de comer carne e incluso de tener relaciones sexuales porque los budistas lo hacen, sin entender que el camino para encontrar la iluminación empieza dentro de uno y eso lo puede llevar a ser vegetariano o célibe y no lo contrario. No depende de pararse de cabeza o retener el aliento sino del grado de conciencia que se tenga. Tampoco depende de lo que metamos por nuestra boca, probablemente es más importante lo que salga de nuestra boca.

Como vemos, en muchos casos la motivación atrás de estas conductas es la curiosidad o, tal vez, que actualmente está de moda el New Age.

Otros más continúan con sus prácticas religiosas, convencidos de que ellas les acercan a Dios y te dan de memoria pasajes de la Biblia o del Corán o del Talmud.

Pero ¡no!, el camino del despertar es llevar a la práctica el conocimiento, ya que el conocimiento que no se vive, no sirve para nada.

Ahí están los que toman algún tipo de droga como el peyote o los hongos alucinógenos o cualquier otra cosa parecida, pues de esa forma pueden ver otras realidades y llegar a estados alterados de consciencia.

A través de todo eso queremos buscar salidas ante lo difícil que es enfrentar la realidad de la vida.

Algunos otros quieren obtener dinero o poder con éstos conocimientos. Los primeros son todos aquellos que dan cursos carísimos o que venden velas, agendas, libros, amuletos y rituales. Los segundos son aquellos que quieren manejar a los demás a través de la magia o quieren recibir retribución siendo prósperos.

Mientras el hombre busque la sabiduría a través de obtener dinero o poder o por curioso, las puertas de la iniciación estarán cerradas para él.

Debemos dejar de lado la prisa, algunos empezamos a absorber como aspiradoras todo conocimiento que nos llega y llenamos nuestra mente de tanto que ya no queda espacio para nada más. Muchos se vuelven fanáticos e intolerantes en un afán desmesurado de saber y entonces la búsqueda se convierte en adicción.

La verdad es que todos tenemos que decodificar la realidad y recordar que el camino del despertar es el camino del filo de la navaja (así le llamaban los antiguos, pues en cualquiera de los lados, izquierdo o derecho te caes y en el centro te cortas), al cual hay que recorrerlo en soledad, aquí no sirven los grupos ni organización alguna.

A mí en lo particular me causa gracia la moda de los Coaches, ahora todos los maestros se denominan de esa forma, aunque en mis tiempos solo se refería a los entrenadores del futbol americano. En realidad es un anglicismo que procede del verbo inglés to coach, "entrenar" y es un método que consiste en acompañar, instruir y entrenar a una persona o a un grupo de ellas, con el objetivo de conseguir alguna meta o de desarrollar habilidades específicas. He platicado con alguna persona que califica a su Coach casi como superhombre. El y otros lo admiran desde lejos, por lo que dice en sus clases; sin embargo, para admirar a alguien, uno debe conocerlo de muy cerca, saber que no solo es un buen orador y que todo lo que dice son palabras huecas, por más erudito que parezca. Tiene uno que ver cómo se comporta en su vida y, sobre todo, si es congruente con lo que hace y dice.

Entonces el ser humano entiende que el supuesto enemigo ya no es el destino, sino todo lo contrario, al fin observa que el destino es lo que nos permite aprender y continuar en nuestra evolución.

El hombre que recorre ese camino vive día a día, minuto a minuto, segundo a segundo su búsqueda interior, trata de pagar su karma y de no generar nuevo y entiende que todo lo que es, está bien. Deja de involucrarse en los problemas mundanos al darse cuenta que todo lo que existe es una parábola, es una ilusión y un código de algo más elevado.

Al final se logra una comprensión más profunda de la realidad y se da cuenta que el camino esotérico no promete riqueza, éxito, fama o poder, sino trabajo y permanente búsqueda de la verdad.

Tampoco es necesario irse a vivir a un ashram o a la cima de una montaña, huyendo de la realidad, pues la soledad es independiente de lo externo, solo se experimenta interiormente. Debemos dejar de lado la separación entre lo esotérico y la vida diaria, pues si no lo hacemos solo lograremos degradar a lo esotérico en una ocupación para los momentos de ocio.

Los grandes maestros dicen que la meditación no es algo diferente de la vida cotidiana, no es retirarse a un rincón de una habitación para meditar durante pocos minutos, para luego salir y seguir haciendo lo que hacemos y siendo lo que somos. La meditación, como ya lo analizamos en el capítulo de los yogas, es una de las cosas más serias en la vida del ser humano; la idea es meditar en todo momento, encontrándonos donde sea. Observarnos en todo momento, eso es meditación. La meditación es parte de la vida y no algo diferente.

La verdad es que casi ninguno de nosotros está dispuesto a vivir un cambio verdadero. Para la mayoría, el cambio consiste en la continuación de nuestros mismos patrones con pequeñas modificaciones.

Si de momento decidimos que ya no nos agrada algún patrón de los que hemos utilizado, trátese de ideas o rituales o formas de actuar, lo dejamos de lado y decimos que ya cambiamos, pero en realidad retomamos el mismo patrón en otro contexto.

Tengo un conocido que, influenciado por una educación religiosa férrea por parte de sus padres, fue un ferviente católico, siempre dispuesto a defender su fe ante cualquier ateo. Pero después de haber tomado un curso sobre meditación budista, decidió convertirse, como él dice, en esotérico. Sin embargo, en el fondo no cambió, continuó siendo una especie de fanático de sus creencias, discutiendo y molestándose con todo aquel que se atrevía a ponerlas en duda. Por lo tanto, solo hubo un cambio de fachada, pero siguió siendo el mismo intolerante. El está convencido de que cambió, pero solo cambió palabras e ideas.

Debido a infinidad de motivos decidimos hacer cambios en nuestra vida, pero en realidad es que la mayor parte de las veces realizamos los cambios a fuerza, nos vemos en la necesidad de modificar alguno de esos patrones porque no nos queda de otra. Si nos analizamos a nosotros mismos y a otros, veremos que nadie quiere cambiar, pues siempre buscamos lugares y formas de ser que nos brinden una sensación de seguridad y de permanencia, pero llega el destino y nos obliga. Es esa parte de nuestro horóscopo que nos dice que venimos a aprender y nos enfrenta y confronta con ella.

Por lo tanto, cuando la mente proyecta una idea de cómo deben ser las cosas, nos aferramos a esa idea como si fuera parte de nuestro cuerpo, por lo que cuando decidimos cambiar buscamos que nos afecte lo menos posible, entonces vamos de maestro en maestro, tratando de encontrar al que nos dé la solución menos dolorosa.

El cambio que requerimos es profundo, debemos eliminar todos nuestros condicionamientos y ser concientes de lo que hacemos y por qué lo hacemos.

Todos los días debiéramos preguntarnos ¿Me doy cuenta de cómo soy? ¿Alguna vez he tomado consciencia de mi mismo de manera autocrítica? ¿He experimentado, comprendido mi propia ira, mis celos, mi envidia, mi ambición, mi soberbia y mi odio, etc.? Ahora bien, ¿qué me hará cambiar? ¿Cómo cambiaré? ¿Por qué cambiaré? ¿Cambiaré porque eso me ayuda? ¿Cambiaré por placer? ¿Cambiaré por miedo o porque creo que cambiando seré mejor persona? ¿O porque de esa forma conseguiré más dinero, será más respetado, etc.? ¿He cambiado en algo?

No es suficiente pensar en ello o analizarlo con nuestro intelecto, es indispensable activar a nuestro maestro interior y buscar los canales de comunicación con esa presencia o testigo que siempre nos acompaña.

Sin duda, el medio para comunicarse es la intuición. Alguien la definía como la conciencia de mensajes mentales, sonidos, imágenes y sensaciones físicas o emocionales que te dan información sobre la realidad pasada, presente o futura. Se les llama, también, sincronicidades.

Todos contamos con la intuición pero, por lo general, esta se ve suprimida dentro de un mar de eventos de nuestro día a día, por lo que la dejamos pasar, sin siquiera percatarnos. Nuestra mente es nuestra principal enemiga cuando aparece la intuición. Decimos no, no es posible, es ilógico.

La meditación nos ayuda a estar concientes de la intuición, pero es importante que en todo momento estemos pendientes de sus mensajes. Al integrar la meditación con la atención a nuestro maestro interior, el proceso se vuelve automático.

Ayuda el que nos repitamos a nosotros mismos: "estoy abierto a la información que mi yo interior me brinda" y que cuando conozcamos a una persona o entremos a cualquier lugar, nos exploremos internamente, poniendo atención a los mensajes que recibamos.

# EPILOGO

El Divino se sentía solo y quería hallarse acompañado. Entonces decidió crear unos seres que pudieran hacerle compañía. Pero cierto día, estos seres encontraron la llave de la felicidad, siguieron el camino hacia el Divino y se reabsorbieron a Él.

Dios se quedó triste, nuevamente solo. Reflexionó. Pensó que había llegado el momento de crear al ser humano, pero temió que éste pudiera descubrir la llave de la felicidad, encontrar el camino hacia Él y volver a quedarse solo. Siguió reflexionando y se preguntó dónde podría ocultar la llave de la felicidad para que el hombre no diese con ella. Tenía, desde luego, que esconderla en un lugar recóndito donde el hombre no pudiese hallarla. Primero pensó en ocultarla en el fondo del mar; luego, en una caverna de los Himalayas; después, en un remotísimo confín del espacio sideral. Pero no se sintió satisfecho con estos lugares. Pasó toda la noche en vela, preguntándose cual sería el lugar seguro para ocultar la llave de la felicidad. Pensó que el hombre terminaría descendiendo a lo más abismal de los océanos y que allí la llave no estaría segura. Tampoco lo estaría en una gruta de los Himalayas, porque antes o después hallaría esas tierras. Ni siquiera estaría bien oculta en los vastos espacios siderales, porque un día el hombre exploraría todo el universo.

"¿Dónde ocultarla?", continuaba preguntándose al amanecer. Y cuando el sol comenzaba a disipar la bruma matutina, al Divino se le ocurrió de súbito el único lugar en el que el hombre no buscaría la llave de la felicidad: dentro del hombre mismo. Creó al ser humano y en su interior colocó la llave de la felicidad.

**Cuento de la India. Anónimo.**

Al final de éste libro creo que cumplí con los objetivos que me propuse y quisiera concluir señalando los principios básicos contenidos en su totalidad. Algunos los señalaré en primera persona porque creo firmemente que son las bases de la filosofía que me empujó a su escritura.

Sin duda, la frase con la que inicié el libro manifiesta el principio fundamental: Todos somos viajeros en éste tiempo y en éste lugar, solo estamos de paso en este mundo. Si estoy conciente de ello, mi visión del mundo cambia. Por lo que yo no debería tomar todo tan en serio.

De todo lo expuesto, concluyo que el único propósito de mi existencia es recordar quién soy, observar, descubrir la razón de todo, aprender, despertar, crecer y amar, solo así le daré valor a vivir. Lo fundamental será la toma de conciencia.

Es un hecho que nuestras sociedades están sufriendo un cambio substancial, vivimos la era del cambio, no nos acostumbramos a algo cuando ya nos vemos en la necesidad de substituirlo. La cuarta ola del desarrollo humano nos está moviendo el tapete a todos y nos obliga a encontrar nuevas formas de enfrentarnos al mundo que nos tocó vivir. Algunos hablan de las influencias de la era de Acuario, con la seguridad de que iniciará una época de oro para la humanidad. Yo no sé si será así, pero es una realidad que todos andamos en la búsqueda de algo diferente a lo que hasta ahora teníamos. Desarrollo científico y tecnológico, relativismo, igualdad entre sexos, preponderancia de lo interno sobre lo externo, sociedades más justas y humanos más felices.

Todos estamos convencidos de que con nuestro hacer podemos cambiar, reformar, transformar o cuando menos mejorar el mundo, pero esta creencia es una ilusión óptica y se debe a las proyecciones de cada individuo. En verdad el mundo no cambia, somos nosotros los que progresivamente vamos viendo las cosas de forma diferente. De ahí surge la paradoja de los que quieren cambiar el estado de las cosas pero rehúyen lo único importante que es el cambio de ellos mismos.

Hasta la fecha, ni la ciencia ni la sociedad ni las religiones institucionales han podido lograr el pleno desarrollo de todos los hombres y mujeres, pero ambas tiran hacia un sentido definido.

Otro principio dentro de éste libro ha sido que todo lo que existe forma parte de una unidad, llamémosle Dios, Ser Supremo, Espíritu, la Fuente, Unus Mundus o como sea, siendo mi meta conectar con ese creador, no para saber, sino para recordar quién soy y de dónde vengo. Por supuesto, esta unidad incluye a todos los seres humanos. La importancia de este enfoque va más allá de la falsa dualidad hombre/naturaleza al integrar nuestra consciencia en un todo.

Y es que toda la creación existe en mí y en ti. No hay divisiones entre nosotros y los objetos que nos rodean. Todas las cosas, las más pequeñas y las más grandes, están en nosotros y son de nuestra misma condición.

Un solo átomo contiene toda la esencia de la tierra. Nuestro espíritu contiene todas las leyes de la vida y en una sola gota de agua se encuentra todo el océano.

Partimos de una visión no-dual de lo real, la cual implica superar la polaridad y entender que todo lo que percibimos, aún nuestra propia experiencia como seres que perciben, participan aprenden y crean, es parte de un proceso, de una manifestación cósmica de la que no podemos separarnos como entidades conscientes. Pero debemos descubrir la razón atrás de todo lo que vemos.

Como seres conscientes somos co-creativos y co-evolutivos de un todo que se encuentra inmerso en el espacio-tiempo y que se reconoce y realiza a través de cada uno de nosotros.

En las últimas décadas estamos descubriendo, que nuestro mundo no es sólo un mundo físico separado de nuestra percepción, sino que parece surgir de la unión de lo que nos dicen nuestros sentidos y de nuestra psiquis, esto es nuestra percepción interna. Por lo que es importante retomar aquello de que vivimos inmersos en maya, el mundo ilusorio, recordar que lo que vemos, tocamos, olemos, oímos y saboreamos solo son imágenes formadas en nuestro cerebro, pero que no reflejan la realidad. Los mismos científicos materialistas están suponiendo un orden implicado atrás de todo lo visible y por lo tanto suponen un universo que emerge de la percepción que tiene de sí mismo.

Todos los seres humanos, sin excepción, tenemos un propósito principal por el que estamos en este planeta y ese es **"DESPERTAR"**. Cuando hablamos de "despertar" nos referimos al despertar de la conciencia, a encontrar dentro de nosotros la verdad, ponernos en contacto con nuestra esencia y entender que todo es maya (ilusión). Pero simultáneamente ese despertar trae consigo una obligación con los demás, que no implica algo complicado, sino simplemente reflejar el amor y la luz que provienen de nuestro interior.

Entiendo que soy un espíritu eterno e indestructible, viviendo en un mundo espiritual y teniendo experiencias básicamente espirituales; ello me permite enfrentar la existencia de una manera más amable y feliz. La sabiduría contenida en libros antiguos me ayuda a comprender todo esto.

Creo que los seres humanos deberemos desparecer todas las divisiones existentes si deseamos sobrevivir. Y con ello me refiero a las divisiones culturales, religiosas, económicas, sociales, de clase y raza, entre muchas otras.

El camino tiene muchas piedras y baches, pero si logramos que una masa crítica de humanos cambie su mirada de afuera (lo material) hacia dentro de sí mismos, sin duda el viaje habrá valido la pena.

Si logro despertar y acercarme a la iluminación, trataré de compartir con amor mis conocimientos y la sabiduría que pueda yo alcanzar, siendo la compasión y el amor incondicional mis compañeros de viaje.

Debo recordar que no hay un premio al final del camino, debo disfrutar el sendero que estoy recorriendo y en ello encontrar mi propósito fundamental. Si lo logro, al final regresaré a mi hogar.... allá en las estrellas.

# ADENDUM

## CUERPO, MENTE, EMOCIONES.

El ser humano está conformado por un cuerpo, un alma y el espíritu.

Sabemos que el alma es la parte que conecta al cuerpo con el espíritu. El alma es individual y en ella se encuentra la conciencia. Por supuesto me refiero a la conciencia profunda, y ello incluye la alerta diaria de darnos cuenta de lo que pasa a nuestro alrededor a la que también se le llama conciencia. Nuestros actuales científicos han establecido que la conciencia surge del cerebro, pero en realidad el cerebro es la representación de la conciencia en el mundo físico y aunque la separamos, en realidad solo hay una conciencia.

En páginas anteriores hemos dicho también que sin alma no sería posible experimentar la vida, pues, a través de ella, entendemos cada experiencia que vivimos y que en ella reside el karma y también lo que conocemos como ego.

El alma es algo no material, esto es, no proviene del cerebro o del sistema nervioso y, desde tiempo inmemorial, se sabe que sobrevive a la muerte del cuerpo

La ciencia creó la palabra psicología para dar a entender que estudia el alma, pues su significado en griego es: psique=alma o espíritu y logos=conocimiento o sabiduría*. Sin embargo, con el tiempo, los psicólogos se dieron cuenta que el alma era algo inmaterial y, como la ciencia solo estudia la materia, pues han venido cambiando la interpretación. Ahora se dice que es la ciencia del conocimiento de la mente.

*Ver definición de logos en el capítulo IV de éste libro.*

El espíritu es algo impersonal, es la vida en lo general y tiene que ver con la energía primaria de Dios. Es la chispa divina que se encuentra en todo ser viviente y en todo lo existente, incluso una piedra, una planta, un planeta o una estrella y probablemente en el vacío, como ya manifesté.

El cuerpo está conformado por átomos y moléculas, que a su vez, forman células y que al unirse forman órganos. Pero el problema es que no puede existir sin información y esa información se la otorgan el alma y el espíritu.

Por lo tanto, para entender al ser humano, debemos verlo siempre de forma holística o sea en forma integral.

No obstante, para entender cómo funciona, primero vamos a analizar el cuerpo.

• **EL CUERPO:**

Nuestro cuerpo tiene su propio lenguaje y se expresa a través de sensaciones. Las sensaciones placenteras nos hablan de la armonía y conexión que tenemos con nosotros mismos y con la vida. Las sensaciones de molestia, dolor o enfermedad, nos hablan de la desconexión que tenemos con nosotros mismos y el proceso de la vida.

El cuerpo tiene una parte fisca que se integra por lo motriz, lo instintivo y lo sexual. Además tiene una parte emocional y otra intelectual.

Los científicos materialistas consideran que éstas dos últimas, también son parte de lo físico, pues han establecido que se generan en el cerebro y el sistema nervioso.

Lo motriz tiene que ver con el movimiento, utilizamos nuestras extremidades y nos movemos, caminamos, corremos, brincamos, nadamos o practicamos algún deporte, pero también hablamos, cantamos, tocamos un instrumento o una maquina, en fin, movemos cualquiera de las partes de nuestro cuerpo. Podríamos incluir el acto de comer.

Lo instintivo tiene que ver con todo aquello que le sucede al cuerpo de lo que no tenemos plena conciencia, podrían ser los latidos del corazón, la presión arterial, la percepción de estímulos externos como el calor, el frío o de estímulos internos como el miedo. Está relacionado con el sistema nervioso vegetativo y con el dolor o con la emisión de hormonas, etc. También incluye los procesos nutritivos, la digestión y la expulsión de deshechos del cuerpo, así como la respiración.

De esta parte instintiva surgen las emociones y toda la protección del cuerpo contra el medio ambiente. Dijéramos que se encuentran las sensaciones agradables como el placer y las desagradables como el dolor. Ahí están nuestros mecanismos de supervivencia.

Y aunque dijimos que no tenemos plena conciencia de estas funciones, a través de actos concientes podemos influir en ellas. Tal es el caso de la respiración, la cual podemos modificar en cualquiera de sus tres partes: inspirar, retener y espirar. También podemos reducir o aumentar los latidos del corazón, como hacen algunos Yoguis o aumentar la temperatura corporal o lograr soportar altos grados de dolor.

Tenemos la parte sexual, la cual tiene algo de las dos primeras, pero por su importancia se maneja en forma separada. Sus principales objetivos son: perpetuar la especie, logrando pasar nuestros genes a nuestra descendencia y dar placer.

Si hay algo incomprendido es lo sexual, a pesar de que a partir de la segunda mitad del siglo XX ha habido una apertura inmensa, principalmente en lo relacionado con las mujeres.

La energía sexual es una especie de torbellino que empieza por la atracción sexual y lo que hemos denominado "deseo". Actualmente se sabe que el cuerpo genera ese deseo a través de infinidad de funciones y que probablemente uno de los elementos más importantes son las feromonas.

Las feromonas son sustancias químicas secretadas por los seres vivos con el fin de provocar comportamientos específicos en otros individuos de la misma especie.

Muchas especies de plantas y animales utilizan diferentes aromas o mensajes químicos como medio de comunicación y casi todas envían uno o varios códigos por este medio, tanto para atraerse o rechazarse sexualmente como para otros fines. Algunas mariposas son capaces de detectar el olor de la hembra a 20 km de distancia.

Pero también sabemos que toda la piel humana tiene que ver con la sexualidad.

Algunas religiones y en general las sociedades de los últimos 20 siglos, han visto con un gran temor a la sexualidad, por lo que por todos los medios la han reprimido y han calificado al placer inherente como pecado.

La desnudez, tocar a otro o a otros, nombrar los órganos sexuales, la sensualidad, etc., se han considerado el origen del mal.

Ahora sabemos que si esa energía no se utiliza debidamente puede generar incluso problemas mentales. Simplemente hay que ver lo que pasa con los insatisfechos sexuales o con los curas católicos que caen en la pederastia.

También habría que reconocer a diversas culturas orientales que llegan a la iluminación por el sexo, a lo que se llama el Tantra Yoga. Y ahí está lo extraño, a través del sexo podemos encontrar el infierno o el cielo.

Pero, el sexo también está relacionado con el amor de pareja. Sabemos que podemos tener sexo con amor o sexo sin amor o incluso amor sin sexo. En cualquiera de sus formas la percepción del sexo genera emociones y sentimientos.

Muchísimos de los problemas humanos están relacionados con la forma en que sexo y emociones nos gobiernan. Gran cantidad de asesinatos tiene un origen pasional.

En casi todas las sociedades, pero primordialmente en las occidentales el problema tiene que ver con la exclusividad y con el apropiamiento de la pareja.

El cuerpo no es una máquina que solo responde a medicamentos, sino que responde a nuestra programación mental y emocional. Cuerpo y mente están unidos, por cada pensamiento que tenemos, hay una reacción química en nuestro cuerpo.

El tema sexual daría para muchos libros, pero mejor pasemos a la parte mental o intelectual.

- **LA MENTE:**

Ésta parte, hasta hace poco, parecía ser exclusiva del ser humano, sin embargo en la actualidad esto se pone en duda, pues se considera también como pensantes a algunos primates, a delfines y ballenas e incluso a pulpos y calamares.

En fin, los humanos utilizamos la mente para pensar, para aprender, para leer, para trabajar, para discutir, para imaginar, para planear, para analizar con lógica o sin ella, para crear, para desear y para soñar. Durante nuestra vida decidimos en base a esa mente. Ya señalábamos en algún capítulo anterior como el cerebro crea todo ello a partir de sus dos hemisferios.

En realidad, "la mente" como nosotros la imaginamos no existe. Si observamos, sólo existe una sucesión de pensamientos que son casi siempre automáticos e incontrolables. Los pensamientos surgen de una forma espontanea y no sabemos de dónde. Algunos nos resultan positivos, otros negativos y otros neutrales. He leído que los humanos tenemos hasta 20,000 pensamientos en un día.

Por lo general la mayor parte de ellos desaparecen casi de inmediato. A veces unos pocos perduran en nuestra consciencia, de tal forma que se convierten en una obsesión.

Tomando en cuenta que esos pensamientos generan sentimientos puede ser que nos hagan sentirnos de muy diversas formas y, en consecuencia, también afectan a nuestras acciones y reacciones.

Cuando los pensamientos se apoderan de nosotros, podemos llegar hasta la paranoia, nos manejan a su gusto. Al recordar ofensas que nos hicieron en el pasado, sentimos aparecer la misma ira, como si todo estuviese sucediendo de nuevo. Nuestros pensamientos nos impulsan: vamos de arriba a abajo, damos vueltas y vueltas, de un lado a otro como ratones en una rueda de molino.

Su asiento está en el cerebro, según los científicos, aunque actualmente algunos lo ponen en duda. De esto hablaremos más adelante.

Hay quien supone que también es el asiento de la conciencia. ¿Será? La realidad es que es la conciencia quien creó al cerebro.

Por último tenemos la parte emotiva, donde se encuentran nuestros enojos y miedos, pero también las alegrías y la felicidad. También esto lo vamos a analizar en páginas siguientes.

Nuestro cuerpo físico es solo el reflejo de lo que sucede en nuestro interior, un cuerpo enfermo corresponde a un alma enferma o herida, a una mente programada con ideas, creencias, actitudes y emociones negativas.

Hay quien dice que todas las enfermedades son psicosomáticas, (psique: mente, soma), por eso, aun con la avanzada tecnología, hay enfermedades incurables por medio de la medicina tradicional. Otros dicen que la enfermedad, así en singular, responde a que nos hemos fijado en un solo polo de la realidad, por lo tanto debemos integrar los dos polos para obtener la curación.

El aprender a escuchar la voz de nuestro cuerpo no solo representa la sanación de nuestras enfermedades, sino también una sanación integral donde mente, cuerpo y alma se manifiestan en una sola voz, marcando la pauta de las lecciones de vida que aún tenemos pendientes.

Pero ¿Cómo se relacionan estas partes entre sí? la ciencia actual, influenciada por el criterio de la evolución Darwiniana, nos dice que al principio de su existencia los animales solo tenían un sistema cerebral de tipo espacial, que regía los movimientos de acercamiento, alejamiento, defensa y ataque. Posteriormente los mamíferos desarrollaron lo que se conoce como el cerebro límbico, donde se gestan las emociones intensas y los recuerdos a largo plazo.

Este sistema utiliza varias partes del cerebro como son el hipocampo y la amígdala, así como los lóbulos pre frontal y frontal.

Se ha descubierto que todos los mamíferos desarrollamos una superficie rugosa y llena de pliegues llamada Neocortex, que trabaja en constante interacción con el sistema límbico, principalmente en la detección y control de las emociones, así como en el desarrollo de planes.

Los neurólogos han medido la actividad eléctrica del cerebro y han observado que al pensar o al desear o al imaginarnos cualquier cosa, partes muy específicas de ese cerebro materialmente se encienden. Sin duda hay una correspondencia.

A través de tomografías y resonancias magnéticas, han diseccionado el cerebro y en forma detallada nos pueden decir qué parte del mismo tiene que ver con una acción o con una emoción, incluso, con imaginar.

Por lo tanto, se ha concluido que todas las emociones y pensamientos provienen totalmente del cerebro. Confundiendo el mapa con el territorio que existe realmente.

Después ha venido el descubrimiento de las endorfinas y consecuentemente los neuropéptidos. Según algunas investigaciones cuando pensamos, sentimos, nos emocionamos o deseamos algo, se crea de forma automática una molécula.

Al comienzo, se creyó que esas moléculas se formaban en el cerebro; y por eso se les denominó neuropéptidos. "Neuro" porque pertenece al cerebro y "péptido" porque se parece a las proteínas. Se creía que las variaciones de energía en el cerebro, se transformaban en ciertos péptidos en nuestro cerebro. Y así se comunicaban las neuronas entre sí. En realidad, estos péptidos son como pequeñas llaves que entran en la superficie de otras células, donde hay pequeñas ranuras para ellas, como cerraduras.

Dicen algunos científicos que cuando tenemos un pensamiento, éste se transforma en una especie de llave, la cual va por nuestro organismo tratando de encontrar una entrada, cuando la encuentra, la célula recibe el mensaje.

Se les denominaron transmisores y receptores, encontrándose una gran variedad de ellas, algunas de las cuales trataré de explicar de acuerdo a lo que señalan los libros y artículos especializados.

La dopamina, la cual se activa por excitación sensorial o sexual o, incluso, por la imaginación y, que de alguna forma, es algo así como una recompensa para el cerebro. Descubriéndose que, si se tiene mucha dopamina se puede llegar a la esquizofrenia y si se tiene poca, se puede generar el mal de Parkinson. Nos dicen que si probamos un alimento o una bebida y nos agrada, de inmediato se genera dopamina.

La acetilcolina tiene que ver con los circuitos de la memoria y el aprendizaje, así como con el sistema nervioso periférico. A nivel del sistema nervioso autónomo con los ganglios. La acetilcolina es sintetizada a partir del metabolismo de la glucosa. Causa excitación y contracción de los músculos. Un incremento de acetilcolina causa una reducción de la frecuencia cardíaca y un incremento de la producción de saliva. Además posee efectos importantes que median la función sexual eréctil y la micción. Una reducción de ese neurotransmisor se relaciona con la enfermedad de Alzheimer.

Es importante hablar también de la norepinefrina o noradrenalina. Los dos términos son intercambiables. Una de sus funciones consiste en afectar el corazón, incrementando el ritmo de sus contracciones. Tiene que ver con el estrés, afecta partes del cerebro tales como la amígdala cerebral, donde la atención y sus respuestas son controladas. Ayuda a las reacciones de lucha o huida, desencadenando la liberación de glucosa de las reservas de energía e Incrementa el suministro de oxígeno del cerebro. Cuando actúa como droga, incrementa la presión sanguínea. La noradrenalina se sintetiza a partir de la dopamina.

Está la oxitocina llamada informalmente por algunos como la "molécula del amor" o "la molécula afrodisíaca", está relacionada con los patrones sexuales y con la conducta maternal y paternal.

Se otras muchas se han descubierto otras como la epinefrina, el glutamato y la gaba, la cual frena la ansiedad y cuya falta puede generar epilepsia.

La serotonina, conocida como la hormona del humor y la satisfacción. Seguramente hemos oído que el famoso Prozac y la leche aumentan la cantidad de serotonina. Tal vez por eso nos recomiendan un vaso de leche caliente para dormir bien. Se sabe que la serotonina participa en numerosas funciones orgánicas, incluyendo un rol principal en la digestión (por lo que muchas enfermedades gastrointestinales son tratadas con antidepresivos).

Se encontró la endorfina, conocida como la morfina endógena, que nos ayuda a enfrentar el dolor.

Siendo simplistas, tal parece que el cuadro queda completo. El deseo se genera a través de la dopamina, la acción por la adrenalina, la satisfacción por la serotonina y la supresión del dolor por la endorfina.

Se han efectuado estudios científicos sobre la influencia de los neurotransmisores en las emociones en relación con las fases de la luna, las cuales se presentan en cuatro semanas de 7 días cada una. Es curioso como la ciencia ha llegado a conclusiones similares a las de casi todas las culturas de la antigüedad.

La semana del ciclo lunar que va de la luna nueva al cuarto creciente, es cuando nos volvemos más sensibles, más aptos a actividades grupales y más receptivos emocionalmente, advirtiéndose una mayor inclinación filial. Los estudios dicen que en esos días se produce mayor cantidad del neurotransmisor acetilcolina. Desde tiempo inmemorial se sabía que la luna nueva es el momento para iniciar nuevos proyectos y para sembrar plantas.

La fase de la luna que va del cuarto creciente a la luna llena, está relacionada con mayor generación de serotonina. En esta semana se tiene mucha energía y además mucha concentración mental por lo que es ideal para la realización de trabajo creativo.

La semana que va de la luna llena al cuarto menguante se relaciona con la dopamina y es una semana para divertirse y disfrutar de las actividades sociales, por lo general se siente uno más cercano a los demás. La dopamina está asociada con la supresión del dolor pero también de alguna forma con el placer.

En la semana del cuarto menguante a la luna nueva, se ha observado que se genera noradrenalina. En ella tomamos una actitud defensiva y se dice que en ese período tenemos menos reservas.

Como hemos dicho, la Luna en las creencias de la antigüedad tenía que ver con el agua y nosotros sabemos que la Luna controla las mareas y tiene que ver con la menstruación y problemas cardiovasculares. Tal vez porque el ser humano es un 75% agua.

No es extraño que en nuestro siglo existan grupos que promueven regresar a un calendario lunar en lugar del que nos rige, ya que está en mayor concordancia con la vida y las emociones.

Al continuar con las investigaciones, los científicos han descubierto que existen receptores de estas moléculas no sólo en las células cerebrales, sino en las células de todo el organismo. Por ejemplo, tal parece que nuestras células inmunológicas, las que protegen contra el cáncer y las infecciones producen las mismas sustancias químicas que produce el cerebro cuando piensa. Numerosos estudios demuestran que cuando una persona está triste o enojada tiene mayor posibilidad de contraer cáncer u otras enfermedades. Tal pareciera que nuestras células son conscientes.

Este es nuestro primer gran salto, porque creíamos que la mente se encontraba solamente en el cerebro. Está en todo el cuerpo.

Se han hecho experimentos sobre la forma en que el ADN humano se encoge y deja de funcionar debidamente cuando hay emociones y pensamientos negativos o en estados de depresión y, en contraparte, cuando nos relajamos y estamos en paz, el ADN se abre y realiza sus funciones al máximo. Esta situación nos permite entender los procesos de las enfermedades y como la parte mental y emocional afecta a nuestros organismos, somatizando esas energías.

Esto, de por sí, ya es un gran avance, pero existe un segundo gran salto que tenemos que dar y es que tampoco se puede confinar la mente únicamente a todo el cuerpo, sino que está en todo el universo (algo que, por cierto, los sabios de la antigüedad ya sabían). Esta, es una gran mente no localizada que aparece aquí y allá, como la experiencia del pensamiento. En verdad, todo el universo es un organismo consciente, vivo, pensante. No somos máquinas físicas que aprendimos a pensar. En realidad, somos pensamientos de una mente universal que aprendimos a crear una máquina física. Esta mente universal se expresa como fuerzas de la naturaleza. Y estas fuerzas naturales estructuran el universo material. Pero estas fuerzas naturales, no son fuerzas al azar, no son solamente campos de fuerza, son campos de inteligencia e información.

El tercer gran salto que tenemos que dar es entender que nuestra experiencia interior afecta al mundo y que en nuestra vida hay un constante dialogo con el universo que nos rodea.

Por lo pronto, la ciencia todavía no admite plenamente que las experiencias interiores puedan afectar nuestro entorno. Hay estudios como el del japonés Matsuro Emoto, cuyas afirmaciones aún están consideradas como pseudocientíficas y el cual es ampliamente criticado por sus afirmaciones que aparentemente violan las leyes de la física. El ha obtenido miles de fotos de agua cristalizada por frio (hielo), advirtiendo que las palabras, oraciones, sonidos y pensamientos dirigidos hacia esa agua influyen sobre la forma de los cristales de hielo. Según Emoto, la apariencia estética de los cristales dependería de si las palabras o pensamientos son positivos o negativos.

Tengo conocimiento de un experimento, según sé fue realizado por el Dr. Clive Baxter. Este consistía en tomar una muestra de ADN de la boca de un donante y colocarlo en un dispositivo donde podía ser medido. Al llevar ese dispositivo a otra habitación, observaron que el ADN sufría variaciones de acuerdo a cambios emocionales sufridos por la persona donante. Esto es, se encogía por estímulos que le provocaban tristeza o miedo o enojo y se alargaban por estímulos que le generaban alegría o satisfacción.

Posteriormente alejaron varios kilómetros la muestra y continuaba sufriendo variaciones acordes con las emociones del donante. Sin embargo, la ciencia actual nos dice que no hay posibilidades de que eso se presente, pues debiera existir un medio por el cual se transmita la energía.

El físico ruso Vladimir Poponin ha hecho otro experimento sobre el ADN y los fotones que me parece definitorio. En un tubo de vidrio al que le hizo el vacío total, dejó algunos fotones dispersos, demostrando que la forma en que se encontraban dentro del recipiente no guardaba ningún orden. Posteriormente, introdujo una muestra de ADN humano, comprobando que los fotones se habían alineado con las hélices del mismo. Esto, ya de por sí, significaba una influencia del ADN sobre algo externo.

Más adelante, retiró del tubo la muestra de ADN y lo sorprendente fue que los fotones continuaban alineados con las cadenas del mismo. Él lo llamó ADN fantasma. Pero ¿Qué causaba éste efecto?, al parecer existe un campo que la ciencia todavía no conoce.

En la década de 1980, el Dr. William Van Bise y su esposa, la doctora Elizabeth Rauscher construyeron un detector de campo magnético sensible para monitorear el campo geomagnético y las pulsaciones y resonancias asociadas con las excitaciones de la ionosfera. Su investigación dio lugar a algunas conclusiones importantes. Por ejemplo, dos o tres semanas antes de que se hubieran presentado eventos catastróficos como terremotos o erupciones volcánicas, se observaban cambios del campo magnético de la Tierra. Este hallazgo por sí solo justificaría el desarrollo de un sistema de vigilancia mundial, pero hay aún más importantes razones para hacerlo.

Estos doctores advirtieron que antes de algunos eventos importantes, que no tenían que ver con la tierra en sí, como cuando murieron el Papa Juan Pablo II o la Princesa Diana y después, con motivo del ataque a las Torres Gemelas en Nueva York, el 11 de septiembre de 2001, se detectaban cambios en el campo magnético terrestre. Lo más significativo era que había afectaciones cuatro o cinco horas antes de esos eventos, lo que nos sugiere que los humanos intuimos algunos acontecimientos y, sobre todo, que de alguna forma influimos en cambios físicos. Sus hallazgos proporcionaron pruebas de que la conciencia humana y la emotividad crean o interactúan con un campo global, que afecta a dispositivos electrónicos.

También hay evidencia de que las ondas cerebrales de las personas pueden sincronizar con el ritmo de las ondas electromagnéticas generadas en la ionosfera de la Tierra. Cuando la gente dice que "siente" un terremoto inminente u otros eventos planetarios, tales como cambios de tiempo, es posible que puedan estar reaccionando a las señales físicas reales que se producen en los diversos campos alrededor de la tierra antes del evento.

La comunidad científica está empezando a apreciar cómo los campos generados por los sistemas vivos y la ionosfera interactúan entre sí. La tierra y la ionosfera generan una sinfonía de frecuencias que van desde 0,01 a 300 hercios, y algunas de las grandes resonancias que ocurren en los campos de la Tierra están en el mismo rango de frecuencias como las del corazón y el cerebro humanos.

Desde hace algún tiempo se conoce lo que llamamos frecuencia Shumann, que corresponden a ondas de baja frecuencia entre la ionosfera y la tierra. Se supone que la tierra actúa como un resonador de las vibraciones producidas por relámpagos, vientos, tormentas y cambios meteorológicos o incluso influencias cósmicas. Coincidentemente, algunas de las variaciones de esa frecuencia corresponden a las frecuencias de las ondas eléctricas delta, theta, alpha y beta que son medidas en nuestro cerebro a través de un encefalograma y que van de 0.5 a 30 hercios, aproximadamente.

Un hercio representa un ciclo por cada segundo, entendiendo ciclo como la repetición de un suceso. Por ejemplo, el hercio se aplica en física a la medición de la cantidad de veces por un segundo que se repite una onda (ya sea sonora o electromagnética) o puede aplicarse también, entre otros usos, a las olas de mar que llegan a la playa por segundo o a las vibraciones de un sólido.

Aunque los investigadores han examinado algunas de las posibles interacciones entre los campos de la tierra y las personas, los animales y la actividad de las plantas, los científicos apenas han arañado la superficie de lo que puede lograrse con éstos descubrimientos.

Actualmente se ha creado el Sistema de Monitoreo de Coherencia Global o (GCMS), el cual consiste de 14 sensores ubicados estratégicamente en todo el mundo. Este sistema permitirá un nuevo nivel de la investigación científica sobre la relación entre el campo magnético de la Tierra, las emociones humanas colectivas y comportamientos, y los cambios planetarios.

Una serie de importantes conclusiones ya han surgido. Por ejemplo, los cambios en el campo magnético de la tierra se asocian con cambios en el cerebro y la actividad del sistema nervioso; rendimiento de atletismo, la memoria y otras tareas; sensibilidad en una amplia gama de experimentos de percepción extrasensorial; síntesis de nutrientes en plantas y algas; el número de violaciones y accidentes de tránsito reportados en ciudades; la mortalidad por ataques cardíacos y accidentes cerebrovasculares; y la incidencia de mas casos de depresión y suicidio.

Si bien no es difícil concebir que las formas de vida de la tierra podrían verse afectadas por las modulaciones en los campos magnéticos, es una propuesta de mayor alcance sugerir que los campos de la tierra pueden ser influenciados o modulados por las emociones humanas. Los investigadores teorizan que cuando un gran número de seres humanos responden a un evento mundial con un sentimiento emocional común, la respuesta colectiva puede afectar a la actividad en el campo de la Tierra. En los casos donde el evento evoca respuestas negativas, esto podría ser pensado como una onda de tensión planetaria, y, en los casos en que se crea una onda positiva, se podría crear una onda de coherencia global.

Esta perspectiva es apoyada por la investigación en el Instituto HeartMath, que ha demostrado que las emociones no sólo crean coherencia o incoherencia en nuestros cuerpos, pero, al igual que las ondas de radio, también irradian hacia fuera y son detectados por el sistema nervioso de los demás en nuestro entorno. Ahora está claro que nuestros sistemas nerviosos detectan estas ondas electromagnéticas generadas por los demás en nuestro entorno, pero también hay evidencia de un efecto global cuando un gran número de personas crean ondas salientes similares.

Muchas personas reconocen que sus meditaciones, oraciones, afirmaciones e intenciones pueden y deben influir en el mundo, así se ha pensado desde la antigüedad. Los investigadores sugieren que estas actividades pueden tener incluso efectos más transformadores y duraderos mediante actitudes psicofísicas voluntarias a través de la emoción positiva sostenida.

Durante años hemos escuchado que las personas creyentes realizan cadenas de oración para la paz o para que algún enfermo sane o para ayudar a alguien, por lo que no nos debiera parecer increíble que esto pudiera ser cierto.

Estas actitudes son un estado de alineación energética y de cooperación entre el corazón, mente, cuerpo y espíritu. En consecuencia, la energía se acumula, no se desperdicia, permitiendo manifestar la intención y los resultados armoniosos.

Ya hay miles de personas uniéndose a las prácticas de meditación, de oración y de intención de la Iniciativa de Coherencia Global. Grupos de personas en la comunidad de Coherencia Global se ponen de acuerdo (vía internet) para enviar en un mismo momento (horarios definidos) amor coherente y compasión al mundo, específicamente a conflictos de cualquier tipo, con lo que se crea un ambiente diferente. Esto ayuda a construir una reserva de energía positiva que se cree beneficia al planeta.

Este depósito podrá entonces ser utilizado para ayudar a lograr el equilibrio y la estabilización de las personas, haciendo que sea más fácil encontrar soluciones a problemas como el cambio climático, la destrucción de las selvas tropicales, la pobreza, la guerra, el hambre y otros problemas globales. Además, mediante el envío de energía del corazón al planeta, cada uno de nosotros se beneficia personalmente. Practicar la coherencia tiene un efecto de arrastre que ayuda a amortiguar los factores de estrés y los retos que se presentan día a día.

La Iniciativa de Coherencia Global es tal vez el mayor experimento en la historia del mundo, el cual nos permitirá observar los cambios en el campo magnético de la tierra y poner a prueba la hipótesis de que el campo magnético terrestre se ve afectada por la emoción humana en masa.

Tenemos también el caso de la técnica curativa del Hooponopono. Palabra que significa "corregir un error" o "hacer lo correcto" en la lengua original de los hawaianos. Aunque hasta ahora no muy conocido, el Hooponopono forma parte del sistema de cura Huna, que es el nombre que el americano Max Freedom Long dio al espiritualismo de los pueblos antiguos del Hawái.

Sabemos que una chaman polinesia de nombre Morna Simeona aplica ésta técnica y ella se la mostró al Dr. Ihaleakala Hew Len, terapeuta hawaiano. Tenemos información de que éste último curó un pabellón entero de pacientes criminales desequilibrados mentales, sin siquiera ver a ninguno de ellos. El psicólogo estudiaba la ficha del paciente y, enseguida, miraba hacia su interior con el fin de ver como él había creado o influido en la enfermedad de esa persona. A medida que él mejoraba, el paciente también mejoraba.

En cada caso, únicamente el repetía para sí mismo "Lo siento, te amo" y agradecía al creador.

La primera vez que uno escucha historias como ésta, piensa que se trata de alguna leyenda urbana. ¿Cómo podía alguien curar a otro, solamente a través de observarse a sí mismo? ¿Cómo podría curar a alguien trastornado? Uno piensa que eso no es lógico. Sabemos que nosotros en lo individual tenemos la total responsabilidad por lo que pensamos y hacemos, pero no puedo ser responsable por los demás pues eso está fuera de nuestras manos. Seguramente todos pensamos así.

Tenemos conocimiento de que ha habido personas como Jesús y otros hombres sabios que curaban solo con tocarte, aunque no todos estamos muy convencidos de ello. Sin embargo, tal parece que funciona, parece ser que desde la mente subconsciente nos integramos a la mente divina universal y eso genera un cambio.

El intelecto no dispone de los recursos para resolver problemas, él solo puede imaginarlos y posiblemente entenderlos. Y entenderlos no resuelve problemas. Al decir las dos frases (lo siento y te amo), limpiamos y purificamos el origen de estos problemas, que son los recuerdos, las memorias y, sobre todo, los juicios. Así neutralizamos la energía que asociamos con determinada persona, lugar o cosa.

Quienes han investigado este proceso piensan que probablemente nuestra energía es liberada y transmutada en pura luz por la Divinidad. Y dentro de nosotros el espacio vaciado es llenado por la luz de la Divinidad.

Si nosotros asumimos la completa responsabilidad de nuestra vida, entonces todo lo que vemos, escuchamos, saboreamos, tocamos o experimentamos es nuestra responsabilidad, porque está en nuestra vida.

Esto significa que el narcotráfico, el terrorismo, la economía, mi pareja, mis hijos, mi jefe o cualquier cosa que estamos experimentando y no nos gusta, está allí para que nosotros lo curemos, como proyecciones de nuestro interior. El problema no está en ellos, está en nosotros y, para cambiarlo, somos nosotros quienes tenemos que cambiar.

Esto es difícil de entender y mucho menos de aceptar, echar la culpa a otras personas o a las circunstancias es mucho más fácil que asumir la total responsabilidad

Por lo tanto, ¿dónde empiezan y terminan el cuerpo, la mente, los pensamientos, las emociones y lo espiritual?

- **SENSACIONES, EMOCIONES Y SENTIMIENTOS:**

A los seres humanos nos cuesta mucho trabajo enfrentarnos a nuestras emociones. Tal vez porque no entendemos muy bien cuál es la diferencia entre sensaciones o percepciones, emociones y sentimientos.

**Sensaciones:**

En general, casi todos los animales de éste planeta hemos desarrollado diversas clases de percepción, cuyos objetivos primordiales son: poder relacionarnos con el mundo y ayudarnos a sobrevivir.

Parece ser que, casi todas las especies contamos con los sentidos tradicionales como poder ver, oler, oír, tocar y saborear. Aunque algunas de ellas carecen de uno o dos de esos sentidos: tal es el caso de los peces ciegos que habitan en el fondo del mar.

Otros han logrado crear dentro de sí, algunos sentidos adicionales. Muchas aves poseen una región de su cuerpo que contiene un metal llamado magnetita, principalmente en sus picos, el cual les permite detectar la dirección en que deben volar. Parece ser que algunas aves también tienen la habilidad de ver los campos magnéticos. Todos los tiburones y rayas poseen un órgano receptivo llamado "Ampollas de Lorenzini", éste órgano les provee la habilidad de detectar variaciones mínimas en el potencial eléctrico y pueden utilizar esto para detectar campos magnéticos y su alimento. Los bovinos tienden a alinearse en la dirección norte-sur, que lleva a los científicos a creer que tienen una parte magnética bastante fuerte. Sabemos que los perros escuchan frecuencias inaudibles para nosotros o que los delfines y ballenas tienen una especie de sonar, que les permite orientarse.

Todos los seres humanos tenemos sensaciones corporales, dentro de las cuales se encuentran las de los sentidos.

Sabemos que tenemos, al menos, los cinco sentidos (vista, olfato, audición, tacto y gusto), aunque en realidad contamos con otros de los que no somos concientes. Se dice que las mujeres tienen un sexto sentido, pero casi todos, en mayor o menor grado, tenemos la intuición, ésta es una percepción poco estudiada y de la que ignoramos cómo surge. De igual forma, sabemos de personas que ven el futuro o que perciben fantasmas.

Algunos estudios nos dicen que los humanos tienen mucho más que esos sentidos. Investigadores señalan que por lo menos existen nueve sentidos y muchos creen que hay alrededor de 21. Estos podrían ser, entre otros:

- Percepción de la picazón, sistema diferente del tacto.

- Percepción de presión, también diferente del tacto.

- Termorrecepción que es la habilidad para distinguir el frio del calor,

- Proprocepción. Este sentido da la capacidad de saber dónde están las partes del cuerpo, en relación con las demás partes

- Nocicepción. Percepción del dolor.

- Equilibrio. El sentido que permite mantener el balance y sentir el movimiento del cuerpo en términos de aceleración y cambios de dirección.

- Quimiorreceptores. Desencadenan una zona de la médula cercana al cerebro que está involucrada en la detección de hormonas en sangre y drogas. También están involucrados en el reflejo del vómito.

- Sed. Este sistema permite al cuerpo monitorear el nivel de hidratación.

- Hambre. Este sistema le permite a tu cuerpo detectar cuándo necesitamos comer algo.

- Magnetocepción. Es la habilidad de detectar campos magnéticos y parece ser que la tenemos, al igual que algunos animales.

- Tiempo. Parece que tenemos alguna habilidad para medir el tiempo internamente. Hay meditaciones que tienen por objeto programar cuando despertar, por ejemplo.

- Sinestesia. Hay personas que pueden percibir algunos sonidos y pensar en ellos como un color. Así, el ladrido de un perro puede ser "rojo" o algo similar. La condición, en general, no ocurre naturalmente, aunque pueda; usualmente se manifiesta cuando las personas están bajo la influencia de drogas.

- GPS cerebral.- Hay investigaciones muy serias sobre la capacidad que tiene el ser humano de saber en donde se encuentra y cómo el cerebro crea un mapa del espacio a nuestro alrededor y cómo nos movemos en un entorno complejo.

Se ha definido la palabra "sentido" como cualquier sistema que consiste en un grupos de células sensoriales que responden a un fenómeno físico específico, las cuales tienen una correspondencia con algunas regiones en el cerebro donde las señales son recibidas e interpretadas. La sensación es la forma que tiene nuestro organismo de darse cuenta que se está presentando un cambio en las condiciones externas o internas y, por supuesto, ello genera emociones.

Durante millones de años, esas percepciones han permitido a toda la fauna relacionarse con lo externo; siendo básico encontrar su alimento y parejas para reproducirse (aunque algunos no las requieran), pero sobre todo les han ayudado a protegerse de los depredadores.

Si nosotros o cualquier otro animal, nos encontramos con un león u otro depredador, nuestro cuerpo tiene integrados los sistemas necesarios para protegerse y defenderse. Al percibirlo con uno o varios de esos sentidos, en milésimas de segundo nuestro cuerpo está a la defensiva. Las glándulas suprarrenales emiten adrenalina, el ritmo cardiaco se acelera, los músculos se tensan, los gestos de la cara se endurecen, los pelos del cuerpo se levantan, las pupilas se hacen pequeñas, entre otras reacciones.

Sabemos que todo esto se genera en el sistema nervioso autónomo, también llamado sistema nervioso vegetativo o sistema nervioso visceral, el cual está formado por el conjunto de neuronas que regulan las funciones involuntarias o inconscientes en el organismo. Dentro de todo este sistema se encuentra la parte que se ha nombrado simpática que es donde se encuentra el comportamiento de huida o escape, el cual, en casos de emergencia se impone sobre la parte somática (regula las funciones voluntarias o conscientes).

Por todo ello, los especialistas han concluido que los organismos vivos disponen de mecanismos de percepción que les permiten reconocer aquellos estímulos que son básicos para su supervivencia: como obtener comida o protegerse de un ataque, etc. Sin embargo, percibir no es suficiente, además, necesitan saber si esto que han percibido es bueno o no para su existencia. ¿Qué mecanismos tienen los seres vivos para determinar si lo que han percibido es favorable para su supervivencia o no? Tales mecanismos son las emociones.

Pero ¿esto quiere decir que los animales tienen emociones? Pregunta difícil de responder, hay quien dice que sí y otros que no. El caso es que todo el reino animal sabe por experiencia o a través de un proceso automático, lo que le es favorable.

**Emociones:**

Una emoción es una respuesta muy rápida del organismo después de percibir un cambio. Se dice que en la emoción no aparece la parte racional del ser humano.

Las emociones nos informan si es favorable un estímulo o situación. Si la situación parece favorecer nuestra supervivencia, experimentamos una emoción positiva (alegría, satisfacción, deseo, paz, etc.); en caso contrario experimentamos una emoción negativa (tristeza, desilusión, pena, angustia, etc.).De esta forma, los organismos vivos nos orientamos en cada situación, buscando aquellas situaciones que son favorables y alejándonos de las negativas.

Los investigadores del tema, como Antonio Damasio, nos han dicho que estas respuestas provienen del cerebro y del conjunto de conductas aprendidas

Nuestras emociones van variando durante el día en función de lo que nos ocurre y de los estímulos que percibimos. Pero no siempre tenemos conciencia de ello y, pocas veces, podamos entender con claridad qué tipo de emoción experimentamos.

Para todos nosotros las emociones son experiencias difíciles de explicar verbalmente, por lo que generalmente usamos en forma inconsciente la comunicación no verbal. Tal es el caso de una sonrisa de aprobación o una mueca de desaprobación. Cerrar un ojo por parte de una mujer puede decir mucho. La tristeza y la ira se ven en la cara y el cuerpo de quien las está viviendo y así podríamos poner muchos ejemplos.

No se si ustedes han observado que cuando alguien nos pregunta sobre alguna emoción en particular, decimos que no tenemos palabras para describirla de forma precisa.

Casi todos utilizamos una escala difícil de interpretar sobre nuestras emociones, por ejemplo: estoy un poco triste o estoy muy triste. Pero ¿Cuánto es un poco y cuánto es muy?

Ahora bien, todo ser vivo puede equivocarse al valorar sus emociones. Dependemos de nuestra experiencia o de la información que tenemos o de nuestra intuición para determinar si en forma definitiva algo es favorable o no. En consecuencia, la emoción puede no corresponder a la realidad de la situación y producir graves perjuicios a nuestro organismo.

Un ejemplo es lo que nos generan las drogas. Cualquier droga es un estímulo que engaña al sistema emocional produciendo emociones que podemos calificar de favorables o positivas para nuestra supervivencia, cuando, en realidad es todo lo contrario.

Muchas de las emociones que experimentamos son incorrectas y sólo mediante la auto observación puede definirse el tipo de emoción que corresponde con la realidad. Saber lo que sentimos verdaderamente es algo difícil de lograr.

Actualmente se habla de controlar las emociones como algo necesario para el buen desempeño de nuestras relaciones sociales. Nuestra educación, además de darnos habilidades y conocimientos, en una buena parte tiene por objeto que aprendamos a controlar nuestras reacciones ante las emociones que se nos presentan. Lo que muchas veces nos lleva a que no mostremos las emociones que experimentamos o a que las mostremos reducidas. Asimismo, la educación nos entrena para no verbalizar esas emociones.

Todo ello nos hace hipócritas y genera las mascaras que todos usamos para relacionarnos con los demás. Un ejemplo sería que por tantas veces que emocionalmente me he visto poca cosa, humillado o disminuido, es por lo que uso la máscara del hombre importante. Si observamos, no dejo de percibir la emoción pero cambio su manifestación externa.

Durante toda nuestra vida vivimos una lucha permanente para que nadie o muy pocos puedan observar nuestras emociones, lo que hace que gastemos una gran cantidad de energía en ese teatro y que nos impida ser "nosotros mismos".

Una creencia comúnmente sostenida, propuesta por primera vez por Paul Ekman, postula que hay seis emociones básicas que son universalmente reconocidas y fácilmente interpretadas a través de expresiones faciales específicas, independientemente del idioma o cultura. Estas son: la felicidad, la tristeza, el miedo, la ira, la sorpresa y la angustia. Algunos agregan la repugnancia o asco.

Una nueva investigación publicada en la revista Current Biology por científicos de la Universidad de Glasgow (Escocia, Reino Unido) ha desafiado este punto de vista, y sugiere que sólo hay cuatro emociones básicas. El resultado de sus investigaciones desprende que el miedo y la sorpresa, por un lado, y la ira y la angustia por otro, comparten movimientos faciales cuando comienzan a manifestarse: en el miedo y en la sorpresa el individuo abre mucho los ojos, mientras que en la ira y la angustia encoge la nariz; por lo tanto, al compartir movimientos faciales, se considera que pertenecen a la misma categoría.

A pesar de todo ello, el esoterismo siempre ha dicho que existen impulsos que provienen del alma y consideran que todos los seres humanos están motivados por solo dos emociones primarias, el amor y el amor al revés (temor) y que de ahí se derivan todas las demás, las llamemos como las llamemos.

De acuerdo a esto, el amor sería la energía que da, que abre, que comparte, acepta y ama y el temor sería la energía que quiere todo para sí y en consecuencia quita, cierra, que oculta, que acumula, duda y odia, hasta el nivel de hacer sufrir o dañar a otros.

De cualquier forma, es muy posible que nuestro organismo confunda algunos estímulos de carácter mental, con estímulos físicos. Si yo pienso que con tu actitud me estás atacando, lo equiparo al ataque de un depredador y mi reacción es similar.

Cuando comprendemos la relación entre nuestros pensamientos y emociones, también conocemos que nuestras creencias tienen el poder de afectar al mundo. Y todo ello comienza con la comprensión de las tres experiencias separadas, aunque relacionadas, que conocemos como emoción, pensamiento y sentimiento.

**Sentimientos:**

Una sentimiento se genera cuando de unen una emoción con un pensamiento. Y podríamos decir que es la forma en que la emoción entra en la conciencia del individuo.

Dicen los investigadores que el sentimiento puede durar más tiempo que la emoción, pues subsiste mientras lo tengamos en nuestra mente.

Esto nos lleva a deducir que los pensamientos que se relacionan con las emociones, llegan después de haberlas percibido y le dan forma a esas emociones a través de los sentimientos.

Si percibo la presencia de un animal, de inmediato se me presenta la emoción de miedo y en consecuencia todos los efectos que trae consigo, de los que ya hemos hablado. Pero hasta que puedo nombrarlo es que le puedo llamar sentimiento.

Hay tres tipos de sentimientos: agradables, desagradables y neutros. Cuando tenemos un sentimiento agradable, lo disfrutamos y deseamos repetirlo, cuando tenemos un sentimiento desagradable, deseamos evitarlo.

Por ejemplo: en forma sorpresiva me viene a visitar a mi casa un familiar al que hace algún tiempo que no veo. Al abrir la puerta y verlo, de inmediato recibo un estimulo y surge una emoción de sorpresa, la cual se manifiesta en mi organismo probablemente como aceleración de los latidos del corazón, mis pupilas varían su tamaño, abro los ojos y la boca. A continuación se da una forma de valoración por parte de mi mente, vienen recuerdos de esa persona y establezco si su llegada me es indiferente, me es agradable o desagradable o incluso si pudiera ser peligroso. En ese momento surge el sentimiento que yo podría calificar con infinidad de palabras. Me siento feliz de verlo, o triste, porque hacía mucho no tenía noticias de él o enojado, porque la última vez que estuve con él, quedó de llamarme y no lo hizo, o asustado, porque le debo dinero y tengo que pagarlo. Las opciones son muchas y dependiendo de ello, las respuestas de mi organismo pueden ser variadas.

Adicionalmente, podemos calificar al sentimiento como bueno o como malo, como positivo o negativo.

Después viene el problema de poder explicarle a otra persona como nos sentimos. Pues decir me sentí muy feliz o feliz a secas, tal vez no le diga nada a esa otra persona. Se dice que la mejor forma de que los demás entiendan nuestros sentimientos es darles puntos de comparación.

Me siento tal feliz como el día que nos casamos o tal feliz como aquella vez en que nos hicieron la fiesta sorpresa.

Otro de los grandes problemas para entender nuestros sentimientos es el lenguaje. A veces decimos "siento que no me quieres", cuando en realidad su real significado es: "pienso que no me quieres". Y es que la palabra "sentir" le da una valoración diferente a juicios que pueda uno hacer.

A través de la palabra "sentir" se realizan todas las manipulaciones habidas y por haber. Decimos. Siento que me ignoras, en lugar de pienso que me ignoras. Por supuesto, ese pensamiento, puede generar un sentimiento posterior que puede ser de enojo o de tristeza.

Pero nuestras reacciones emocionales, así como nuestros juicios, tienen que ver con aspectos inconscientes propios. Por ejemplo: siento (pienso) que me ignoras, podría significar que nos vemos insignificantes y cualquiera nos hace menos o lo contrario, me creo muy importante y pienso que no me dan el lugar que me corresponde.

Por otra parte, tenemos la imaginación, a la que han llamado muchos filósofos "la loca de la casa". El ser humano tiene la capacidad de imaginar y soñar despierto y ello genera emociones y sentimientos.

Sabemos que imaginar cosas puede tener el mismo efecto que vivirlas. Se ha comprobado que si imaginamos que chupamos un limón, nuestro cuerpo segrega saliva, de igual forma que si lo hubiéramos probado físicamente.

Algunos de los procesos meditativos utilizan la imaginación.

El problema se presenta cuando nos creemos lo que pensamos o imaginamos, como en el caso de los celos.

Todos los humanos definimos nuestras actitudes ante los demás a través de los pensamientos que generan nuestras creencias y valores, conformados obviamente por nuestra herencia cultural y por nuestra educación, pero esas actitudes siempre están marcadas con sentimientos.

Si alguien toma la bandera de nuestro país y la destroza o la quema, sentimos que nos está agrediendo, si alguien habla mal de nuestra familia o de nuestra religión, nos molestamos, si alguien critica nuestras ideas reaccionamos negativamente. Habría que reconocer que, en realidad, a nosotros en lo particular, no nos hace nada.

De ahí surge la intolerancia, tan marcada por sentimientos, que al fin y al cabo es la raíz de toda violencia, como ya dije.

Por lo tanto, la percepción positiva o negativa de algún evento es lo que me hace reaccionar.

Imaginen que van manejando su automóvil por las calles de una ciudad de manera muy tranquila, absortos en sus pensamientos como siempre, atrás de ustedes viene una persona que tiene urgencia de llegar a algún lugar, les prende las luces e incluso les toca el claxon. Pero ustedes no pueden ir más rápido pues es una zona de muchos peatones, por lo tanto no hacen mucho caso de sus impertinencias. El otro automovilista trata de rebasarlos por la izquierda y luego por la derecha, sin lograrlo. Por el retrovisor nos damos cuenta que aquel hombre empieza a molestarse y hace señas. Por fin, logra pasar y al estar a un lado, nos dice una palabra altisonante, acompañada de una seña consistente en elevar el brazo sobre el hombro, cuyo significado, al menos en mi país es: ve a fregar a tu madre. Supongo que alguna vez nos ha pasado a todos.

Aquel hombre ya llevo su emotividad al tope, pero y nosotros, ¿cómo actuamos? Por lo general, reaccionamos negativamente y respondemos con alguna seña similar o bajamos el cristal y le empezamos a decir que es un imbécil. Entonces, el santo señor se baja de su coche con la idea de golpearnos, o tal vez con un cuchillo o con un arma cualquiera y esta situación puede llegar hasta un drama. Todos sabemos que esto sucede con más frecuencia de lo que suponemos.

Preguntémonos ¿qué es lo que genera la percepción negativa? Si nosotros perteneciéramos a otra cultura, probablemente no entenderíamos ni las palabras ni las señas, probablemente entenderíamos la actitud o el tono de voz y por lo tanto no reaccionaríamos de forma alguna.

Otra forma de reaccionar, sería quedarnos callados, no hacer ningún aspaviento, solo pensar ¡qué tipo tan loco o tan grosero! Pero dentro de nosotros enojarnos y seguir rumiando el enojo. ¿Por qué no le contesté? Le hubiera dicho lo que se merece o incluso imaginar que nos bajamos del coche y lo golpeamos. Es probable que lleguemos a nuestra casa y sigamos de mal humor por esa situación y no sería nada difícil que dos días después lo sigamos recordando.

Si nosotros somos concientes, entonces puedo no engancharme. Buda decía que cuando alguien te insulta es como cuando te dan un regalo. Si no lo tomas, quien se lo lleva es el que te lo quiso dar. De esa manera pudiera ser que tengas alguna emoción pero no lo conviertes en sentimiento.

Este es un ejemplo, sin importancia, pero seguramente nos pasa todos los días con nuestros seres queridos o con nuestros jefes o empleados o con nuestros amigos. Nos vieron feo, nos hicieron una mueca, nos ignoraron, contestaron groseramente, sin entender que todo eso no está en ellos, sino en nosotros mismos, en mi percepción y en la cadena que posteriormente genero a través de emociones, pensamientos y sentimientos.

Por lo tanto, yo decido ser feliz a pesar de las circunstancias.

Seguramente, todos han oído el cuento aquel de los dos monjes que iban por un camino, cuando se encontraron a dos mujeres que deseaban pasar un arroyo. Las mujeres les pidieron a los monjes que por favor las cargaran para pasar pues de otra forma sus vestidos quedarían arruinados y ellas iban a una fiesta. Uno de los monjes le dijo al otro que no sería conveniente cargarlas pues habían hecho votos de castidad, pero el otro le respondió que no tenía nada que ver una cosa con la otra. Entonces las levantaron y las pasaron al otro lado. Dos horas después, uno de los monjes, el más joven, le dijo al otro, maestro, me siento mal de haber ayudado a esas mujeres, ¿no habré cometido alguna falta? Mira –le dijo el maestro- yo cargue a la mujer y le deje a los pocos segundos, tú continúas cargándola.

¿Cuántas veces seguimos cargando sentimientos y pensamientos que deberíamos haber dejado atrás hace mucho tiempo?

El bien mayor del hombre es alcanzar la conciencia. Cuando hay conciencia, los sentimientos y deseos pierden su sentido de ser. Y quiero ser reiterativo, no me refiero a la conciencia de mi persona, sino a la conciencia de lo que está atrás de mi persona. Esto es, entender la razón de todas las cosas.

El subconsciente es el lugar donde guardamos todas las emociones y todos los sentimientos. Esta es la razón por la cual las emociones y los sentimientos se manifiestan con tanta fuerza.

La gran diferencia está en el proceso evolutivo del individuo, o sea, si él acepta ser movido: por los instintos y la irracionalidad o bien por la espiritualidad, asumiendo su libre albedrío y todas sus consecuencias.

En la emoción existe influencia de nuestros instintos y de la no racionalidad. El sentimiento se distingue de la emoción por depender de lo que tenemos grabado por nuestra cultura y educación.

Pero es importante saber que podemos entender y comprender nuestros sentimientos a través de conocernos a nosotros mismos a través de la reflexión, el libre albedrío y la espiritualidad.

Las filosofías orientales nos dicen que la forma de respirar nos ayuda a vaciar nuestra mente de pensamientos indeseables y de esa manera poder observar nuestras emociones y sentimientos: Este conocimiento era utilizado por ellos desde hace milenios como una herramienta básica para llegar a la iluminación. Buenos ejemplos son el yoga y los mantras.

A través de la respiración es posible, incluso, modificarlos y transformarlos.

Casi todos los maestros coinciden en que es importante no pelearte con tus sentimientos, la mayor parte de las veces es suficiente con observarlos y desenmascararlos, para que pasen de largo y no se queden en nuestra conciencia como parásitos.

Los sentimientos nos generan deseos e ilusiones, que nos impiden ver la realidad.

Pero todos nos preguntamos ¿es el deseo un sentimiento? Se dice que el deseo es el anhelo de saciar un gusto. Y en algunos diccionarios se señala que el deseo es el sentimiento intenso que tiene una persona por conseguir una cosa. Se piensa que a cada deseo le precede un sentimiento, por lo que se dice que el deseo sexual se deriva de un sentimiento de atracción.

Y en el habla coloquial todos decimos "siento el deseo de....". Sin embargo, hay quien piensa que llamamos deseo al pensamiento que carece del combustible emocional para plasmarlo.

Nuestros deseos probablemente apenas tendrán efecto sobre nuestros cuerpos o sobre el mundo hasta que los despertemos por medio de la emoción.

La realidad es que muchos deseos corresponden a necesidades como: deseo comer pues tengo hambre, deseo beber porque tengo sed, pero no son sentimientos, aunque nosotros digamos: siento hambre o siento sed. Sin embargo, la lujuria o la gula, ya tienen un componente emotivo y generan sentimientos.

La soledad, escribía un filósofo, es un arte. Pero sentirse solo, tiene diversos componentes de pensamiento y emotivos. De hecho tiene que ver con el temor a amar.

También decimos que sentimos remordimientos. Éstos tienen que ver con el nivel moral de cada persona que, al cometer una falta a sus códigos propios, tiene una sensación de haber fallado. Sin embargo, existen remordimientos más profundos que provienen del alma, del nivel de conciencia que tenemos como seres humanos y tiene que ver más con la virtud que con la moral.

Los miles de personas que han tenido experiencias cercanas a la muerte, dicen que al momento de morir, rememoramos toda nuestra vida como si fuera una película y en ese instante nos enfrentamos a un proceso de análisis a través de la conciencia profunda donde nos damos cuenta si nuestra vida cumplió con su propósito original y entendemos si actuamos de forma egoísta o generosa. Seguramente en ese instante nos damos de topes por el mal que causamos y nos sentimos alegres por el bien que hicimos. Pero, como el cerebro ya no funciona, no sé si podríamos llamarlos sentimientos.

Hay quien considera que el amor tampoco es un sentimiento. En páginas anteriores dijimos que se considera una de las dos emociones básicas del ser humano y que proviene del alma en sí. Señalamos que es la energía que da y abre. Por lo tanto, es lo único real que existe. No obstante, todo mundo lo percibe como un sentimiento.

Se han escrito, miles de libros sobre el amor y, aun hasta la fecha, casi nadie entiende que es.

La Biblia*, en Corintios 13 dice: "El amor es sufrido, es benigno; el amor no tiene envidia, el amor no es jactancioso, no se envanece; no es indecoroso, no hace nada indebido, no busca lo suyo, no se irrita, no guarda rencor; no se goza de la injusticia, mas se goza de la verdad. Todo lo sufre, todo lo cree, todo lo espera, todo lo soporta. El amor nunca deja de ser".

Y complementa más adelante sobre las tres cosas más grandes que permanecen; la fe, la esperanza y el amor, estos tres; pero el mayor de ellos es el amor.

**\*Santa Biblia, antiguo y nuevo testamento, antigua versión de Casiodoro de Reina (1569), revisada por Cipriano de Valera (1602. Otras revisiones: 1862, 1909 y 1960 de Sociedades Bñiblicas Unidas.**

Ninguno es sentimiento. Aunque su tenencia o falta, posteriormente generen sentimientos.

La Iglesia católica considera que la caridad es aquella virtud teologal por la cual se ama a Dios sobre todas las cosas por Él mismo y al prójimo como a nosotros mismos por amor de Dios y por ello en las Biblias católicas se ha cambiado el término "amor" por "caridad" o cuando menos se utilizan indistintamente.

Krishnamurti decía que ser sentimental no es amar, porque el sentimentalismo es una simple sensación influenciada por el pensamiento y el pensamiento no es amor. El pensamiento de amor es consecuencia de la sensación, por lo que ser sentimental, no es amor. Por lo tanto el amor no es una idea ni un ideal, es un estado del ser.

Habría que preguntarnos ¿Cuánto dolor causamos en nombre del amor?

El amor es el objetivo espiritual de la vida de todo ser humano. Es el conocimiento intuitivo de nuestro corazón. Es la fuerza que une al universo. El amor es aquello con lo que nacimos y el miedo es lo que hemos aprendido aquí.

Algunos de ustedes habrán oído hablar del sacerdote católico, teólogo y paleontólogo, Teilhard de Chardin, quién creía firmemente en que todo el proceso evolutivo de la vida sobre el planeta tierra estaba pre-establecido, de la misma manera que el desarrollo de un ser (planta, animal o humano) también está previsto en su ADN, pero él consideraba que el propósito atrás de todo, tenía que ver con la evolución de la consciencia y suponía que habría un punto, al que llamaba Omega, que suponía el supremo desarrollo, el fin de fines, cuya radiación no era otra cosa que el amor. El amor incondicional que fuera del tiempo y el espacio influía en todo lo existente.

Entonces, si el Alpha es el amor y el Omega también, la cabeza y la cola se tocan, por lo que se convierten en un círculo interminable.

Hay una palabra que está muy ligada al amor y esa es "la compasión".

El sentir compasión en nuestros países de occidente está ligado a la conmiseración o "sentir pena y lástima" por alguien que sufre, lo cual presupone una reciprocidad y el expresar algo al otro y casi conlleva un intercambio equitativo. Yo te doy y espero algo a cambio, un reconocimiento de lo que te entrego, de lo que te aporto.

Para algunos orientales, por compasión nos aproximamos más a la definición que hace de ella Confucio: "la preocupación respecto a alguien sintiéndose solidario" y en este caso sentir compasión no requiere sentir pena por lo que el otro esté sufriendo y no presupone esperar algo a cambio. Tampoco significa untarse el sufrimiento de los demás.

Por lo tanto entendemos por compasión la "empatía hacia todos los demás" y se basa en un deseo de conectar con otros y responder a sus necesidades. Diríamos que es la cualidad humana de entender el sufrimiento de otros y querer hacer algo acerca de ello.

¿Sentimos compasión hacia los menos favorecidos o hacia los enfermos o hacia los que sufren calamidades? O nos sentimos superiores.

Alguien definía la compasión como la conciencia que nos permite comprender o ponerse en el lugar de los demás desde el afecto y con afecto. Y mantener con ellos una auténtica, sincera y desinteresada relación de ayuda. No necesitamos para ello sentir pena o que el otro sufra. Si el ser humano utiliza este principio de compasión, las cosas cambiarían en nuestra forma y manera de relacionarnos. Entre más nos preocupemos por los otros en lugar de por nosotros mismos, mas paz y felicidad obtenemos.

Amigo lector ¿tú qué entiendes por compasión y cómo la usas? ¿Tienes alguna experiencia positiva o negativa de alguien que la ha utilizado contigo?

A algunas personas les confunde esto de la compasión. Se confunden cuando piensan, ¿la compasión debe estar por encima de nuestra propia misión individual? ¿Tenemos que apartarnos de nuestra familia o grupo cercano para evolucionar porque nuestra alma tiene un destino que está más allá del apego hacia los cercanos? Si decidimos hacerlos a un lado, es obvio que ellos sufrirán, y si debemos ayudarlos para que no sufran, nos metemos en un circulo donde no hacemos lo que venimos a hacer. Pongamos como ejemplo que probablemente la madre Teresa, para hacerse monja, se tuvo que oponer a toda su familia, porque probablemente no querían que lo hiciera. ¿Cómo decidió?

Se dice que Buda vivió muchos años después de llegar a la iluminación. Muchas veces le preguntaron: ¿Por qué sigues en ese cuerpo? cuando ya lograste tu objetivo, deberías trascender. ¿Para qué iba a quedarse Buda en el cuerpo durante más tiempo? cuando ya no tenía deseos.

Y es que cuando los deseos ya no están pinchándonos, la energía de esos deseos permanece y solo podemos transformarla en amor.

Todos los días gastamos nuestra energía en pensar, discutir, trabajar, competir , a veces en el sexo, otras en la envidia o en la soberbia o en la auto-importancia, muchas veces en el enojo o en el odio o en la envidia y en el deseo de tener. Por lo tanto no tenemos energía para dar amor y ser compasivos.

Tendríamos que comprender que la compasión no puede ser una meta o algo que se puede aprender. La compasión se da cuando no tenemos deseos; entonces, toda nuestra energía se convierte en amor, porque la compasión es el amor incondicional.

Cuando nos referimos a compasión estamos reconociendo que debemos saber que nadie es perfecto y debemos aceptar los fallos y las debilidades de los demás, lo que implica no juzgar.

Pero, no obstante, la compasión no va dirigida a nadie, sino es una expresión de nuestro propio ser. Podemos ser compasivos con todo lo que existe, incondicionalmente y solo estamos siendo compasivos con nosotros mismos.

Buda dijo: "No reprimas tu energía de amor. Refínala y usa la meditación para refinarla". Así, paralelamente, y a medida que crece la meditación, esta va refinando nuestra energía de amor y la convierte en compasión.

No nos olvidemos de la gente que nos ha herido. Pueden habernos entorpecido el camino, pueden haber sido nuestros enemigos, pueden haber intentado destruirnos; quizá nos hayan crucificado, apedreado o envenenado, pero no nos olvidemos de ellos. Cualquier cosa que nos hayan hecho, lo han hecho de forma inconsciente (Padre: perdónalos, no saben lo que hacen).

Y de hecho es que estamos en deuda con el mundo porque somos hijos de esta tierra. Somos hijos de todo el universo y, sin duda, Él y nosotros somos uno.

No estamos separados del mundo, la verdad debemos incluir a todo y a todos en la ecuación. El objetivo del camino de la vida es transformar nuestra conciencia de separación en unidad, porque en la unidad solo percibimos amor, solo expresamos amor, solo somos amor.

Cuando decimos unidad, no solo nos referimos a otros seres humanos, nos referimos a todo lo existente en el universo todo, soles, planetas, cometas, espacio, agujeros negros, plantas, animales y todo lo que existe sobre nuestro planeta.

Por eso los chamanes Mayas se dirigen a la madre tierra diciéndole: mientras yo despierto tú te sanas y mientras tu despiertas yo me sano.